essentials

essentials liefern aktuelles Wissen in konzentrierter Form. Die Essenz dessen, worauf es als „State-of-the-Art" in der gegenwärtigen Fachdiskussion oder in der Praxis ankommt. *essentials* informieren schnell, unkompliziert und verständlich

- als Einführung in ein aktuelles Thema aus Ihrem Fachgebiet
- als Einstieg in ein für Sie noch unbekanntes Themenfeld
- als Einblick, um zum Thema mitreden zu können

Die Bücher in elektronischer und gedruckter Form bringen das Expertenwissen von Springer-Fachautoren kompakt zur Darstellung. Sie sind besonders für die Nutzung als eBook auf Tablet-PCs, eBook-Readern und Smartphones geeignet. *essentials:* Wissensbausteine aus den Wirtschafts-, Sozial- und Geisteswissenschaften, aus Technik und Naturwissenschaften sowie aus Medizin, Psychologie und Gesundheitsberufen. Von renommierten Autoren aller Springer-Verlagsmarken.

Weitere Bände in der Reihe http://www.springer.com/series/13088

Valentin Crastan

Klimawirksame Kennzahlen für den Nahen Osten und Südasien

Statusreport und Empfehlungen für die Energiewirtschaft

Valentin Crastan
Evilard, Schweiz

ISSN 2197-6708 ISSN 2197-6716 (electronic)
essentials
ISBN 978-3-658-20572-0 ISBN 978-3-658-20573-7 (eBook)
https://doi.org/10.1007/978-3-658-20573-7

Die Deutsche Nationalbibliothek verzeichnet diese Publikation in der Deutschen Nationalbibliografie; detaillierte bibliografische Daten sind im Internet über http://dnb.d-nb.de abrufbar.

Springer Vieweg

Gedruckt auf säurefreiem und chlorfrei gebleichtem Papier

Springer Vieweg ist Teil von Springer Nature
Die eingetragene Gesellschaft ist Springer Fachmedien Wiesbaden GmbH
Die Anschrift der Gesellschaft ist: Abraham-Lincoln-Str. 46, 65189 Wiesbaden, Germany

Was Sie in diesem *essential* finden können

- Bevölkerung und Entwicklung des Bruttoinlandprodukts aller Länder vom Nahen Osten und von Südasien (Kap. 1, Abschn. 1.2)
- Bruttoenergie, Endenergien, Verluste des Energiesektors und CO_2-Emissionen, in Abhängigkeit aller Energieträger und Verbraucherkategorien (Abschn. 1.3).
- Elektrizitätsproduktion und -verbrauch aller Regionen und bevölkerungsreichsten Länder (Abschn. 1.3 und Kap. 3)
- Energieflüsse von der Primärenergie über die Endenergie zu den Endverbrauchern für alle Regionen und bevölkerungsreichsten Länder (Abschn. 1.4 und Kap. 3)
- Entwicklung der wichtigsten Indikatoren wie Energieintensität, CO_2-Intensität der Energie und Indikator der CO_2-Nachhaltigkeit für alle Länder (Abschn. 1.5 bis 1.7). Detaillierte Werte der CO_2-Intensität der Energie für alle bevölkerungsreichen Länder (Abschn. 3.3)
- Weltweite Verteilung der für den Klimawandel verantwortlichen kumulierten CO_2-Emissionen (Kap. 2)
- Indikatoren- und CO_2-Emissionsverlauf in der Vergangenheit und notwendiger bzw. empfohlener zukünftiger Verlauf zur Einhaltung des 2-Grad-Ziels als Minimalziel für alle Regionen (Kap. 2)
- Für das 2-Grad-Ziel notwendige Emissionssituation in 2050 (Kap. 2)

Vorwort

Der Nahe Osten und das südliche Asien weisen insgesamt 2 Mrd. Einwohner auf. Große Energie-Ressourcen und ein erhebliches Entwicklungspotenzial machen sie zu einem für die Zukunft des Planeten wichtigen Erdteil. Südasien ist hier definiert als Indien und alle an Indien angrenzenden Länder (die als Rest-Südasien bezeichnet werden).

Hauptanliegen war es, anhand der verfügbaren Energie- und Wirtschaftsdaten zu einer knappen, aber anschaulichen Darstellung der energiewirtschaftlichen Situation des Erdteils und seiner weiteren Entwicklung zu gelangen. Diese soll den Bedürfnissen des Klimaschutzes angemessen Rechnung tragen. Die Entwicklung der wichtigsten energiewirtschaftlichen Indikatoren der einzelnen Regionen und Länder wird veranschaulicht und darauf basierend eine zur Begrenzung des Klimawandels notwendige Emissionsreduktion, bzw. Begrenzung des Emissionsanstiegs, empfohlen (für Klimaziel 2 °C oder weniger, mit Perspektive bis 2050).

Die Energieverantwortliche in Wirtschaft und Politik aller Länder sowie die sich mit dem Klimaschutz befassenden Institutionen, Forschergruppen und Entwicklungshelfer können aus den hier gegebenen Empfehlungen ihre eigenen Schlüsse ziehen und die Maßnahmen in die Wege leiten, die sie als notwendig erachten, um mindestens die Bedingungen für das 2-Grad-Ziel zu erfüllen. Möglichst sollte, wie von der Klimawissenschaft gefordert, dieses Ziel auch unterschritten werden.

Grundlagen zur weltweit notwendigen Emissionsbegrenzung bis 2050 und 2100 sind auch im Werk „Weltweiter Energiebedarf und 2-Grad-Ziel" des Autors gegeben, das 2016 im Springer-Verlag erschienen ist.

Evilard
Oktober 2017

Valentin Crastan

Inhaltsverzeichnis

Energiewirtschaftliche Analyse 1

1.1 Einleitung

In diesem Band der *essential* -Reihe „Klimawirksame Kennzahlen der Energiewirtschaft“ werden der **Nahe Osten und Südasien** analysiert. Zusammen bilden sie ein Erdteil mit reichem kulturellen Erbe, demografisch wird er von Indien dominiert. Das wirtschaftliche Potenzial ist riesig und wird die Zukunft des Planeten erheblich beeinflussen.

Nach der Analyse in Kap. 1 der Entwicklung aller maßgebenden Größen wie Bevölkerung, Bruttoinlandprodukt, detaillierter Energieverbrauch und CO_2-Emissionen bis 2014, wird in Kap. 2 die künftige Evolution der wichtigsten Indikatoren der einzelnen Regionen und Länder, welche die Klimaziele respektiert, dargelegt. Für Südasien resultiert insgesamt, bei Beachtung des Entwicklungsrückstands, im Wesentlichen eine Einschränkung des Emissionsanstiegs.

Das verwendete Datenmaterial und die dazu gehörenden Publikationen, s. auch das Literaturverzeichnis, seien nachfolgend erwähnt:

- Die statistischen Daten zur Bevölkerung und zur Verteilung des Energieverbrauchs aller Länder stammen aus den aktualisierten Berichten der Internationalen Energie Agentur (IEA) [4]. Jene über das kaufkraftbereinigte Bruttoinlandprodukt (BIP KKP) einschließlich prognostizierter Entwicklung sind dem Bericht des Internationalen Währungsfonds (IMF) entnommen [5] (der sie im Wesentlichen von der Weltbank übernimmt) mit dem Vorteil, dass Voraussagen für die nachfolgenden sieben Jahren vorliegen.
- Das Thema Klimawandel und deren Folgen für die Weltgemeinschaft werden ausführlich in den Berichten des Intergovernmental Panels on Climate Change (IPCC) analysiert [6, 7, 8]. Ebenso die notwendigen globalen Maßnahmen für

V. Crastan, *Klimawirksame Kennzahlen für den Nahen Osten und Südasien,* essentials, https://doi.org/10.1007/978-3-658-20573-7_1

den Klimaschutz. Zu den Argumenten für eine Verschärfung des 2-Grad Klimaziels, d. h., um wenn möglich die 1,5 Grad Grenze einzuhalten, sei auch auf [9] hingewiesen.

- Die allgemeinen und für das vertiefte Verständnis der energiewirtschaftlichen Aspekte notwendigen Grundlagen, und dies aus der weltweiten Perspektive, sind in [3] und die Bedingungen zur Einhaltung des 2 °C-Klimaziels in [2] gegeben. Allgemeine Unterlagen zur elektrischen Energieversorgung findet man in [1].

Die Daten und Analyse der restlichen Weltregionen findet man in den weiteren vier Bänden dieser Reihe:

1. Europa und Eurasien [10]
2. Amerika [11]
3. Afrika [12]
5. Ostasien/Ozeanien

1.2 Bevölkerung und Bruttoinlandprodukt

Wir unterteilen Nah- und Süd-Asien in drei Regionen die folgendermaßen definiert sind (Abb. 1.1 und 1.2):

- **Naher Osten** (Israel, Iran, Irak, Syrien, Libanon, Jordanien, Saudi Arabien, Jemen, Oman, Ver. Arabische Emirate, Katar, Bahrain, Kuwait)
- **Indien**
- **Restliches Südasien** (an Indien angrenzende Länder: Pakistan, Sri-Lanka, Bangladesch, Nepal, Myanmar). Über Afghanistan und Bhutan sind keine IEA-Daten verfügbar.

Nah- und Süd-Asien weisen 2014 mit knapp 2 Mrd. Einwohner (Abb. 1.3) ein kaufkraftbereinigtes Bruttoinlandprodukt BIP (KKP) von 12.700 Mrd. US$ (von 2010). Indien dominiert mit rund zwei Drittel der Bevölkerung und nahezu 50 % des BIP [3, 5].

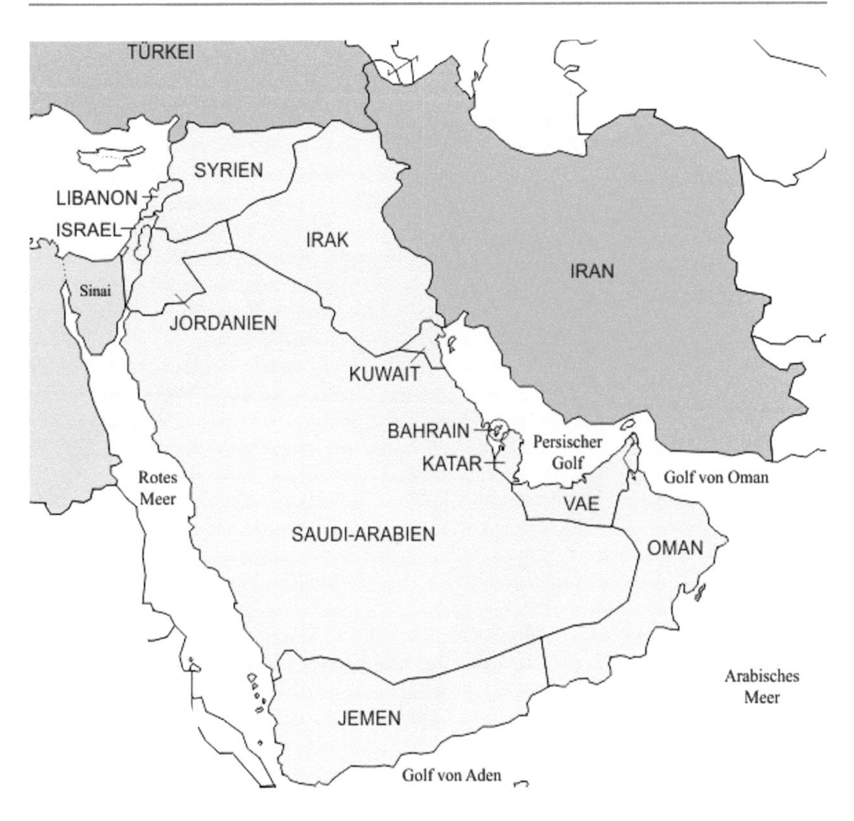

Abb. 1.1 Länder des Nahen Ostens (arabische Halbinsel + Iran)

Das BIP (KKP) pro Kopf vom Nahen Osten und Süd-Asien beträgt zusammen im Mittel 6910 $/a, was. etwa der Hälfte des weltweiten Durchschnitts entspricht [4, 5].

Die Verteilung des BIP (KKP) pro Kopf in **Südasien** (Indien + Rest-Südasien) zeigt Abb. 1.4. In **Indien** beträgt das BIP (KKP) pro Kopf in 2014 rund 5200 $/a, ist immer noch unterdurchschnittlich, hat sich aber seit 2000 verdoppelt. Nicht ganz verdoppelt hat sich jenes von Sri-Lanka und etwa verdreifacht jenes von Myanmar.

Abb. 1.2 Länder von Südasien

Die Verteilung des BIP/Kopf im **Nahen Osten** zeigt Abb. 1.5. Durchschnittlich ist es insgesamt mit 21.700 $/a etwa das Vierfache von jenem von Südasien, wobei aber lokal enorme Unterschiede festzustellen sind. Die gegenwärtigen kriegerischen Auseinandersetzungen vertiefen diesen Graben. Zu beachten ist die starke Bevölkerungszunahme auf der arabischen Halbinsel. In den Vereinigten Emiraten z. B. hat sich die Wohnbevölkerung von 2000 bis 2014 von 3 auf 9 Mio. verdreifacht.

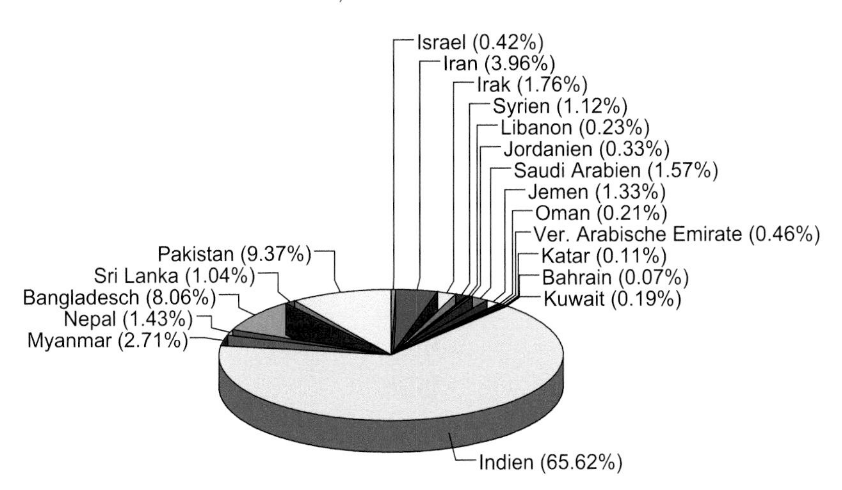

Abb. 1.3 Prozentuale Aufteilung der Bevölkerung vom Nahen Osten und von Südasien

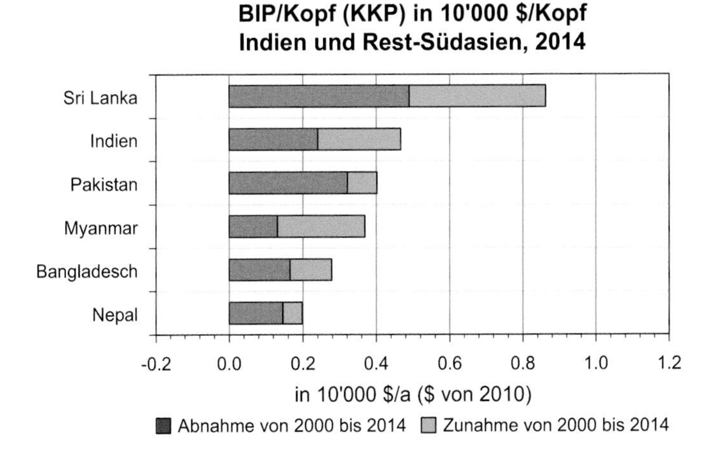

Abb. 1.4 BIP (KKP) pro Kopf von Indien und restliches Südasien und Fortschritte seit 2000

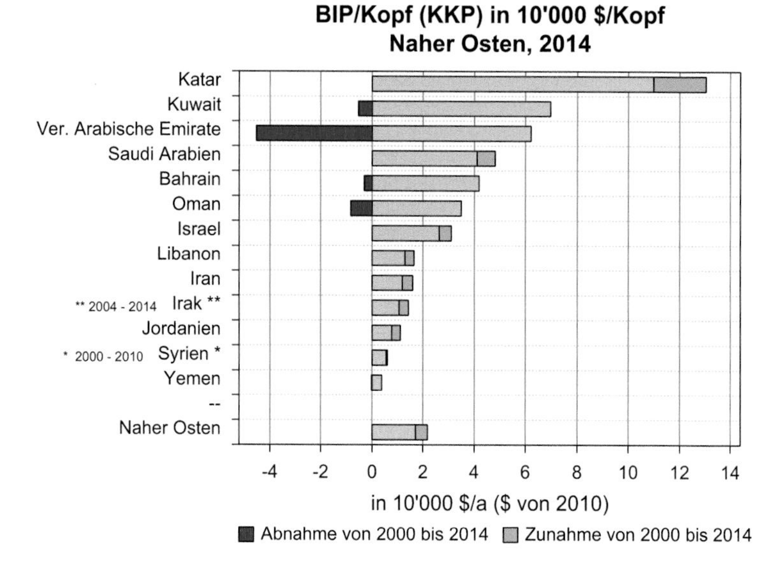

Abb. 1.5 BIP (KKP) pro Kopf der Länder des Nahen Ostens und Änderungen seit 2000

1.3 Bruttoenergie, Endenergie, Verluste des Energiesektors und entsprechende CO_2-Emissionen

Die **Endenergie** setzt sich zusammen aus Wärmebedarf (aus Brennstoffen, ohne Elektrizität und Fernwärme), Treibstoffen, Elektrizität (alle Anwendungen) und Fernwärme. Die **Bruttoenergie** ist die Summe von Endenergie und alle im **Energiesektor** entstehenden Verluste. Der Energiesektor dient in erster Linie der Umwandlung von Bruttoenergie in Endenergie, wobei die Elektrizitätserzeugung die Hauptrolle spielt.

Die Energiestruktur ist in den drei Regionen stark unterschiedlich wie Abb. 1.6 veranschaulicht. Der **Nahe Osten** ist stark auf Erdöl und Erdgas ausgerichtet, während **Indien** neben Biomasse einen sehr hohen Kohleanteil aufweist. Im **restlichen Südasien** ist sie durch einen sehr hohen Anteil an Biomasse für die Wärmeanwendungen gekennzeichnet, der rund 50 % der Endenergie ausmacht.

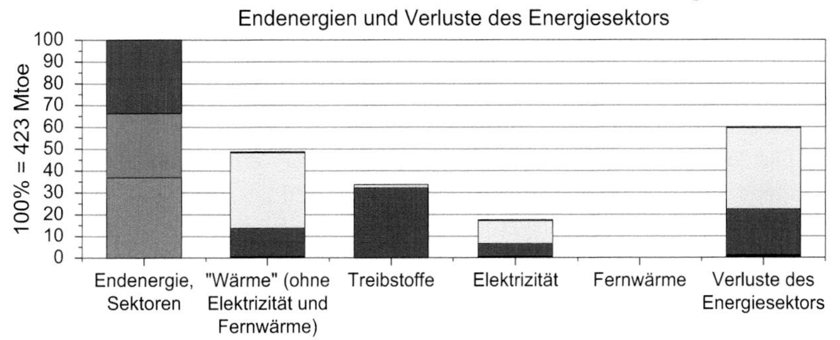

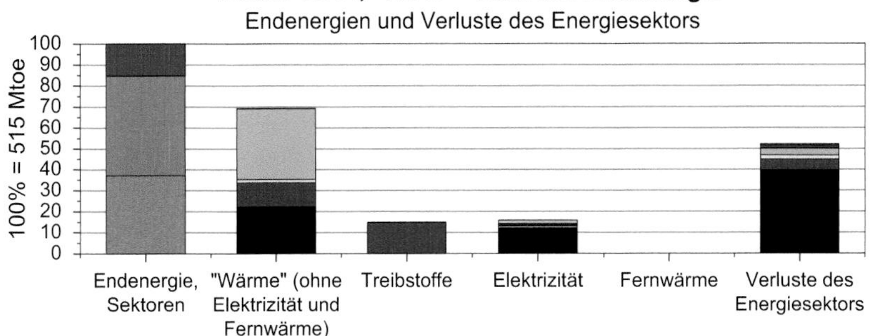

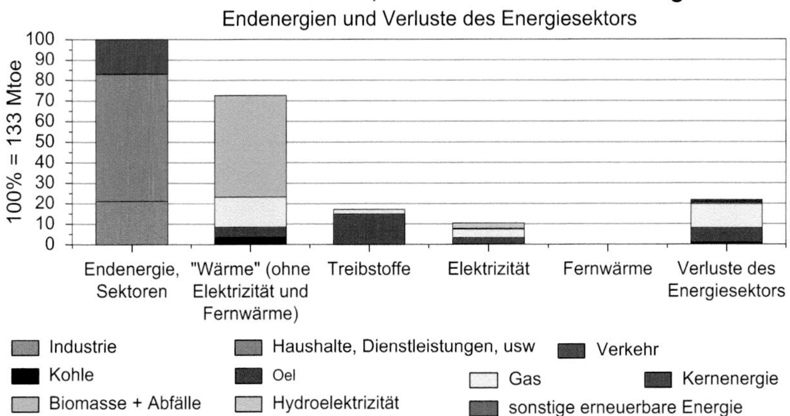

Abb. 1.6 Bruttoenergie = Endenergie + Verluste des Energiesektors, der drei Regionen von Nah- und Süd-Asien in 2014. Die Endenergie setzt sich zusammen aus Wärme, Treibstoffe und Elektrizität

Ebenso große Unterschiede sind im **Energiesektor** (der in entwickelten Ländern in erster Linie der Produktion von Elektrizität dient) festzustellen: nur Öl und Erdgas im Nahen Osten, vorwiegend Öl und Gas auch in Rest-Südasien und fast ausschließlich Kohle in Indien. Der Elektrifizierungsgrad ist vor allem in Rest-Südasien noch gering.

Die **Verluste des Energiesektors** in Prozent der verwendeten Bruttoenergie betragen 37 % im Nahen Osten, 34 % in Indien und nur 18 % in Rest-Südasien was dem hohen Anteil an Hydroelektrizität und an Biomasse für die Wärmeanwendungen zu verdanken ist.

Die **Elektrizitätsproduktion** der drei Regionen ist in Abb. 1.7 veranschaulicht.

Die erneuerbaren Energien (Wasserkraft, Windenergie, Fotovoltaik, Biomasse, Abfälle, Geothermie) bzw. die CO_2-armen Energien (erneuerbare Energien + Kernenergie) tragen zur Elektrizitätsproduktion gemäß Tab. 1.1 bei. Die Tabelle gibt auch den Elektrifizierungsgrad der drei Regionen (Elektrizitätsanteil der Endenergie: ist ein guter Index der Entwicklung).

Aus der Energiestruktur ergeben sich für 2014 die in Abb. 1.8 dargestellten **CO_2-Emissionen:** Gesamtwert **in Mt,** Gesamtwert in **Gramm pro $ BIP KKP** sowie Gesamtwert und detaillierte Verteilung in **Tonnen/Kopf** für die Verbrauchssektoren.

In der Industrie und im Haushalt-/Dienstleitungs-/Landwirtschaftssektor sind die Emissionen durch den Elektrizitäts- und Wärmebedarf aus fossilen Energien bestimmt, im Verkehrsbereich im Wesentlichen durch die Treibstoffe.

Die Emissionen, die durch die Verluste im Energiesektor entstehen, sind in erster Linie der Elektrizitätsproduktion zuzuschreiben. In **Indien** sind diese Verluste groß, die Kohle herrscht vor und die spezifischen Gesamt-Emissionen mit 298 g CO_2/$ entsprechend hoch. Sie wären noch höher, wenn nicht ein respektabler Anteil an CO_2-armen Energien vorläge (Abb. 1.7, CO_2-arme Energie = erneuerbare Energie + Kernenergie); Im **Nahen Osten,** wo Öl und Gas den Ton angeben, sind sie mit 355 g CO_2/$ am höchsten. In **Rest-Südasien** sind sie hingegen mit 134 g CO_2/$ vorerst noch gering, wegen Unterentwicklung, aber auch dank dem relativ hohen Beitrag der Wasserkraft.

Tab. 1.1 Erneuerbare und CO_2-arme Energien sowie Elektrifizierungsgrad

	Erneuerbar (%)	CO_2-arm (%)	Elektrifizierung (%)
Naher Osten	2	3	18
Indien	15	18	16
Restliches Südasien	26	29	10
Naher Osten und Südasien	11	13	16

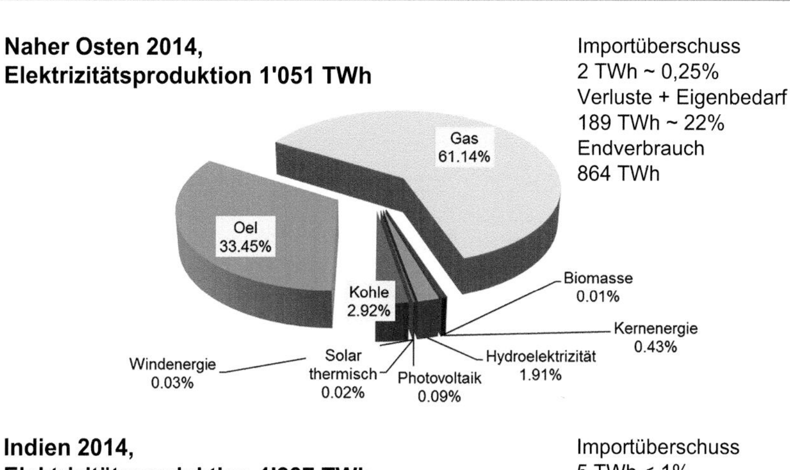

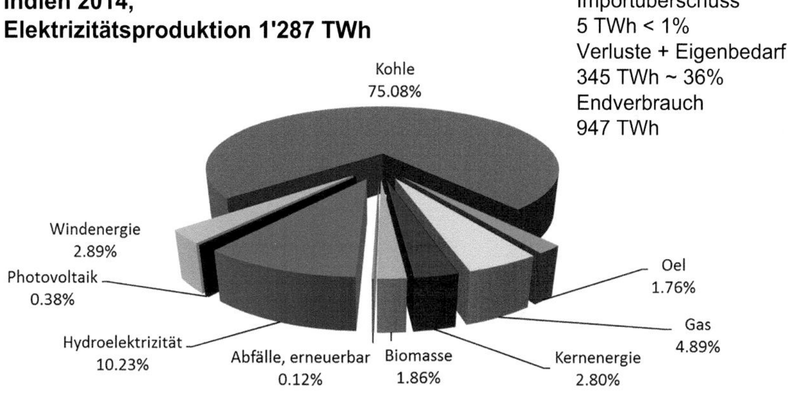

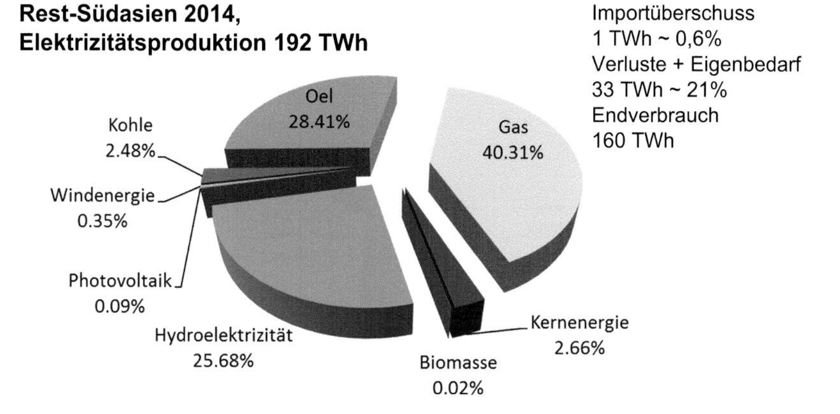

Abb. 1.7 Elektrizitätsproduktion in 2014 der drei Regionen und entsprechende Energieträgeranteile. Importüberschuss und Verluste + Eigenbedarf in % des Endverbrauchs

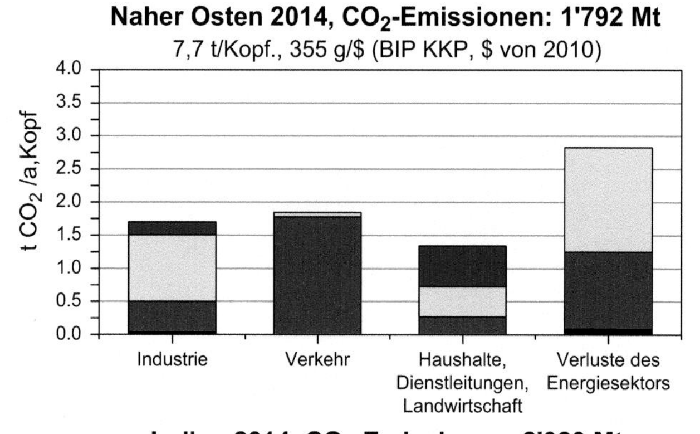

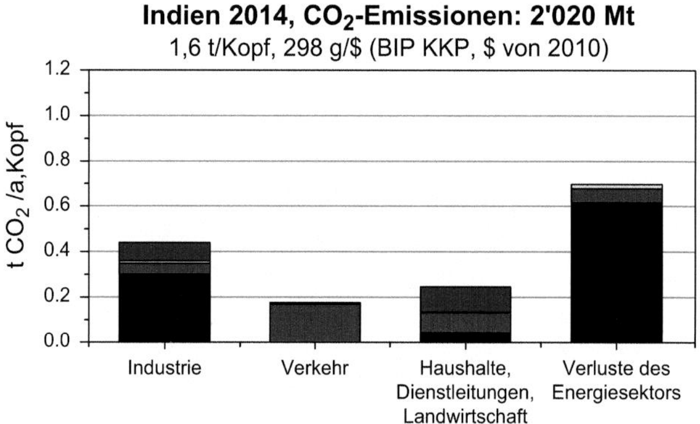

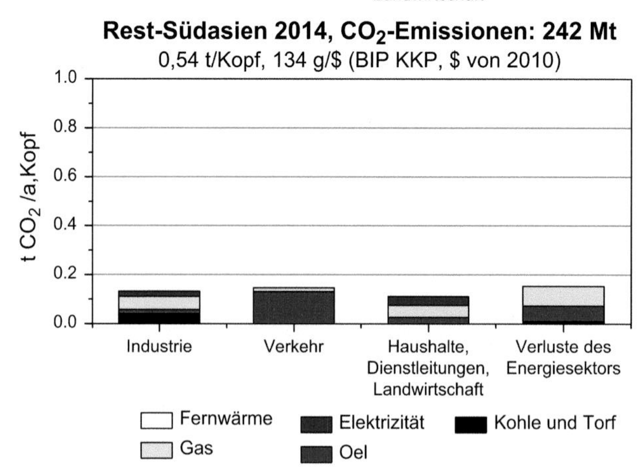

Abb. 1.8 CO_2-Ausstoß der drei Regionen nach Verbrauchssektor und Energieträger

Die Pro-Kopf-Emissionen sind je nach Entwicklungsstand stark unterschiedlich, in Rest-Südasien weniger als ein Zehntel von jenen des Nahen Ostens (Abb. 1.8).

1.4 Energieflüsse im Jahr 2014

1.4.1 Energiefluss im Energiesektor

Nachfolgende Flussdiagramme (z. B. Abb. 1.9) beschreiben den Energiefluss im Energiesektor von der Primärenergie über die Bruttoenergie (oder Bruttoinlandverbrauch) zur Endenergie. Primärenergie und Bruttoenergie werden durch die verwendeten **Energieträger** veranschaulicht. Alle Energien werden in Mtoe (Megatonnen Öläquivalente, 1 Mtoe = 11,6 TWh) angegeben.

Die **Primärenergie** ist die Summe aus einheimischer Produktion und, für Regionen, Netto-Importe abzüglich Netto-Exporte von Energieträgern (für Länder effektive Importe/Exporte statt nur Netto-Importe/Exporte pro Energieträger).

Die **Bruttoenergie** ergibt sich aus der Primärenergie nach Abzug des nichtenergetischen Bedarfs (z. B. für die chemische Industrie) und eventueller Lagerveränderungen. Abgezogen werden die für die internationale Schiff- und Luftfahrt-Bunker benötigten Energiemengen. Die entsprechenden CO_2-Emissionen werden nur weltweit erfasst.

Es ist die Aufgabe des **Energiesektors,** den Verbrauchern Energie in Form von **Endenergie** zur Verfügung zu stellen. Wir unterscheiden in diesem Diagramm vier Formen von Endenergie: **Elektrizität, Fernwärme, Treibstoffe** und **„Wärme“.** Letztere besteht hauptsächlich aus nichtelektrischer Heizungs- und Prozesswärme (aus fossilen oder erneuerbaren Energien) und ohne Fernwärme. Stationäre Arbeit nichtelektrischen Ursprungs kann ebenfalls enthalten sein (z. B. stationäre Gas- Benzin- oder Dieselmotoren sowie Pumpen); zumindest in Industrieländern ist dieser Anteil jedoch minimal. Mit der Umwandlung von Bruttoenergie in Endenergie sind Verluste verbunden, die wir gesamthaft als **Verluste des Energiesektors** bezeichnen.

Diese Verluste setzen sich zusammen aus den **thermischen Verlusten** in Kraftwerken (thermodynamisch bedingt) sowie in Wärme-Kraft-Kopplungsanlagen und in Heizwerken, ferner aus den **elektrischen Verlusten** im Transport- und

Verteilungsnetz, elektrischer Eigenbedarf des Energiesektors und schließlich aus den **Restverlusten** des Energiesektors (in Raffinerien, Verflüssigungs- und Vergasungsanlagen, durch Wärmeübertragung, Wärme-Eigenbedarf usw.)

Das Schema zeigt ferner die mit den Verlusten des Energiesektors und dem Verbrauch der Endenergien verbundenen, also vom Bruttoinlandverbrauch verursachten **CO_2-Emissionen in Mt.** Der größte Teil der Verluste des Energiesektors ist in der Regel mit der Elektrizitäts- und Fernwärmeproduktion gekoppelt, weshalb die CO_2-Emissionen dieser drei Faktoren zusammengefasst werden. Eine Trennung kann mithilfe der nachfolgenden Diagramme (z. B. Abb. 1.10) oder auch von Abb. 1.8 vorgenommen werden.

1.4.2 Energiefluss der Endenergie zu den Endverbrauchern

Die weiteren Flussdiagramme (z. B. Abb. 1.10) zeigen wie sich die vier Endenergiearten auf die drei Endverbraucherkategorien verteilen. Ebenso werden die CO_2-Emissionen diesen Verbrauchergruppen zugeordnet.

Die Endverbraucher sind (gemäß IEA-Statistik)

- Industrie
- Haushalt, Dienstleistungen, Landwirtschaft etc.
- Verkehr

Zur Bildung der Gesamt-Emissionen werden noch die CO_2-Emissionen der im Energiesektor entstehenden Verluste hinzugefügt.

Die Flussdiagramme werden für den Nahen Osten, sowie für Indien und das restliche Südasien gegeben.

1.4.3 Naher Osten

Der Energiefluss im Energiesektor von der Primärenergie zur Endenergie und die sich ergebenden totalen CO_2-Emissionen sind in Abb. 1.9 dargestellt. In Abb. 1.10 wird der Energiefluss der Endenergie zu den Endverbrauchern veranschaulicht und die entsprechenden CO_2-Emissionen sind den Verbrauchersektoren zugeordnet. Der Nahe Osten ist ein starker Energieträgerproduzent und Energieträgerexporteur (Öl und Gas). Details sind für Iran und Saudi Arabien in Kap. 3 gegeben.

1.4.4 Indien

Die entsprechenden Diagramme für Indien, für den Energiefluss im Energiesektor und der Endenergie zu den Verbrauchssektoren, findet man in den Abb. 1.11 und 1.12. Indien ist auf Energieimporte angewiesen und die Energiewirtschaft stark kohlelastig.

1.4.5 Restliches Südasien

Die Abb. 1.13 und 1.14 zeigen die Energieflüsse des restlichen Südasiens. Rest-Südasien exportiert zwar Gas (Myanmar, s. Kap. 3), ist aber insgesamt auf Energieimporte angewiesen. Details weiterer Länder in Kap. 3.

1.4.6 Naher Osten und Südasien insgesamt

Die Abb. 1.15 und 1.16 erhält man durch Aufsummierung der Flüsse der drei Regionen. Für den Wärmebereich sind Biomasse und Erdöl/Erdgas vorherrschend. Für die Elektrizitätserzeugung, aufgrund des starken Gewichts Indiens, hat die Kohle einen erheblichen Anteil. Insgesamt ist Nah- und Südasien dank dem Nahen Osten ein Energieexporteur.

Tab. 1.2 vergleicht die Indikatoren der drei Regionen.

Der Indikator g CO_2/$ ergibt sich als Produkt von Energieintensität (abhängig von der Energieeffizienz der Wirtschaft) und CO_2-Intensität der Energie.

Die CO_2-Emissonen steigen bei zunehmender Entwicklung der Wirtschaft wegen des steigenden Energiebedarfs, da meist zunehmend fossile Energieträger eingesetzt werden. Eine Entkopplung wird im Rahmen der für den Klimaschutz notwendigen Umgestaltung zu einer nachhaltigen Wirtschaft angestrebt.

Werte einiger Länder vom Nahen Osten und Südasien in Tab. 1.3.

Hauptsünder bezüglich CO_2-Nachhaltigkeit sind Iran, Saudi Arabien und Indien (Indikator deutlich über oder bei knapp 300 g CO_2/$!).

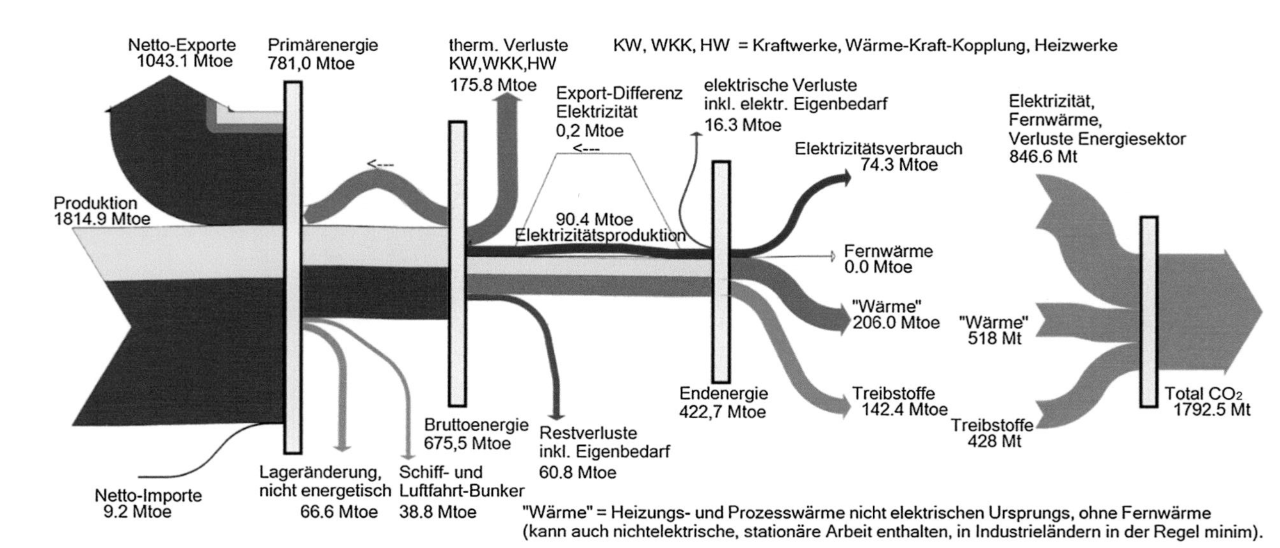

Abb. 1.9 Naher Osten: Energiefluss im Energiesektor von der Primärenergie zur Endenergie und CO_2-Ausstoß. Die Energieträgerfarben sind wie in Abb. 1.6 und 1.8 (aber Erdöl dunkelbraun, Erdölprodukte hellbraun)

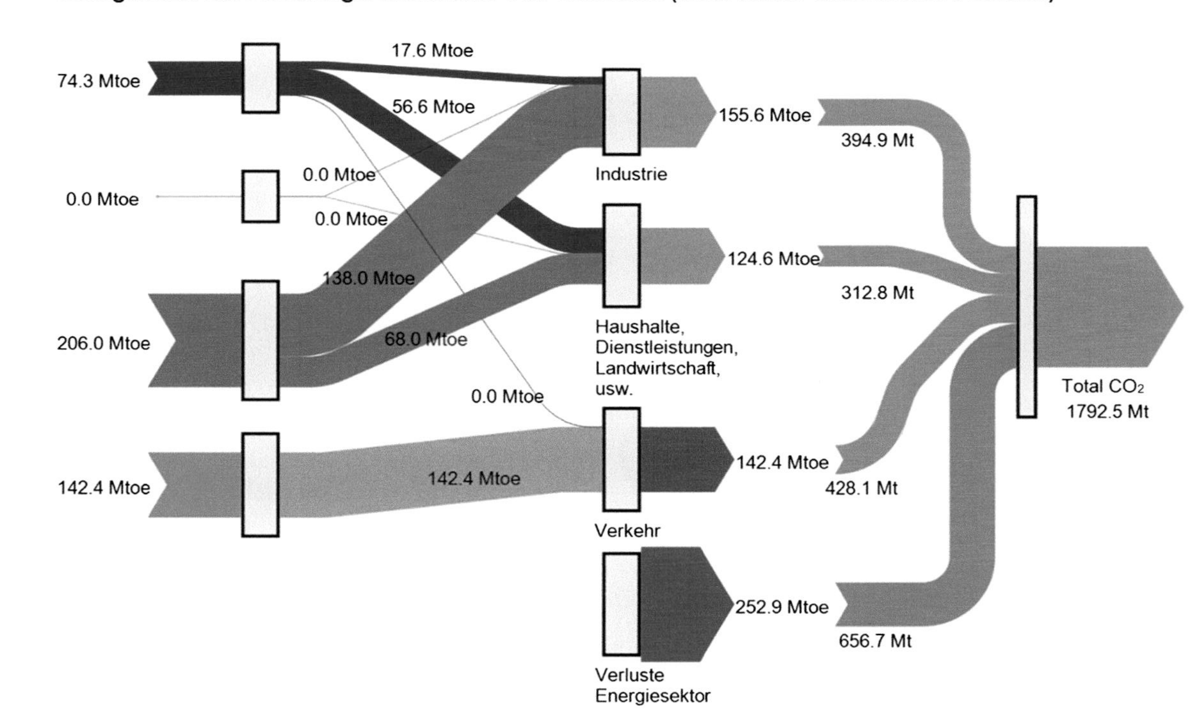

Abb. 1.10 Naher Osten: Energiefluss der Endenergie zu den Endverbrauchern und zugeordnete CO_2-Emissionen

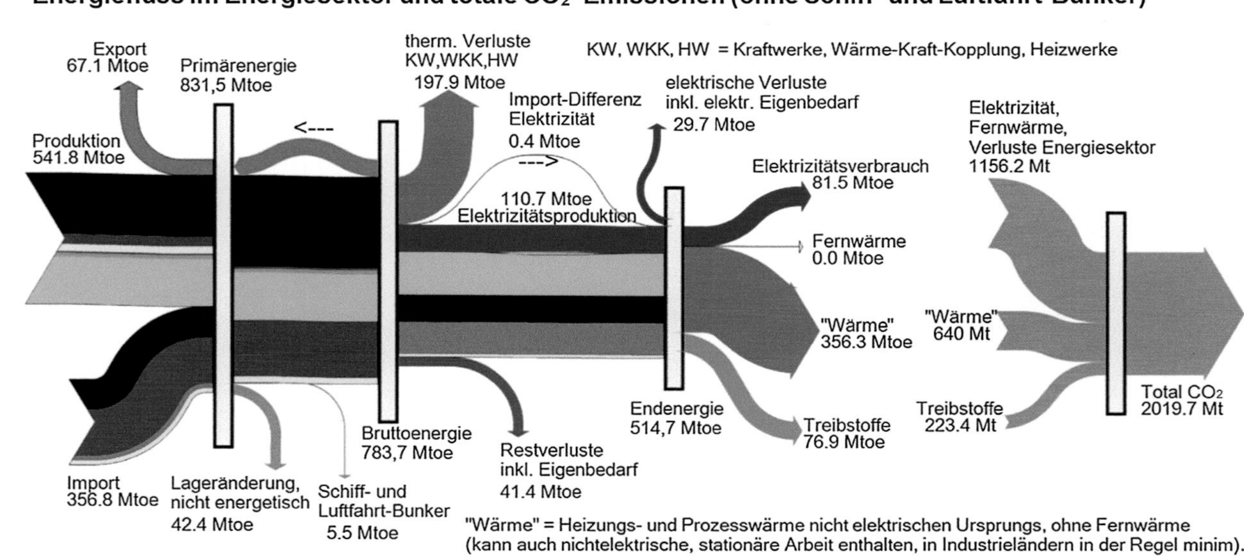

Abb. 1.11 Indien: Energiefluss im Energiesektor von der Primärenergie zur Endenergie und CO_2-Ausstoß. Die Energieträgerfarben sind wie in Abb. 1.6 und 1.8 (aber Erdöl dunkelbraun, Erdölprodukte hellbraun)

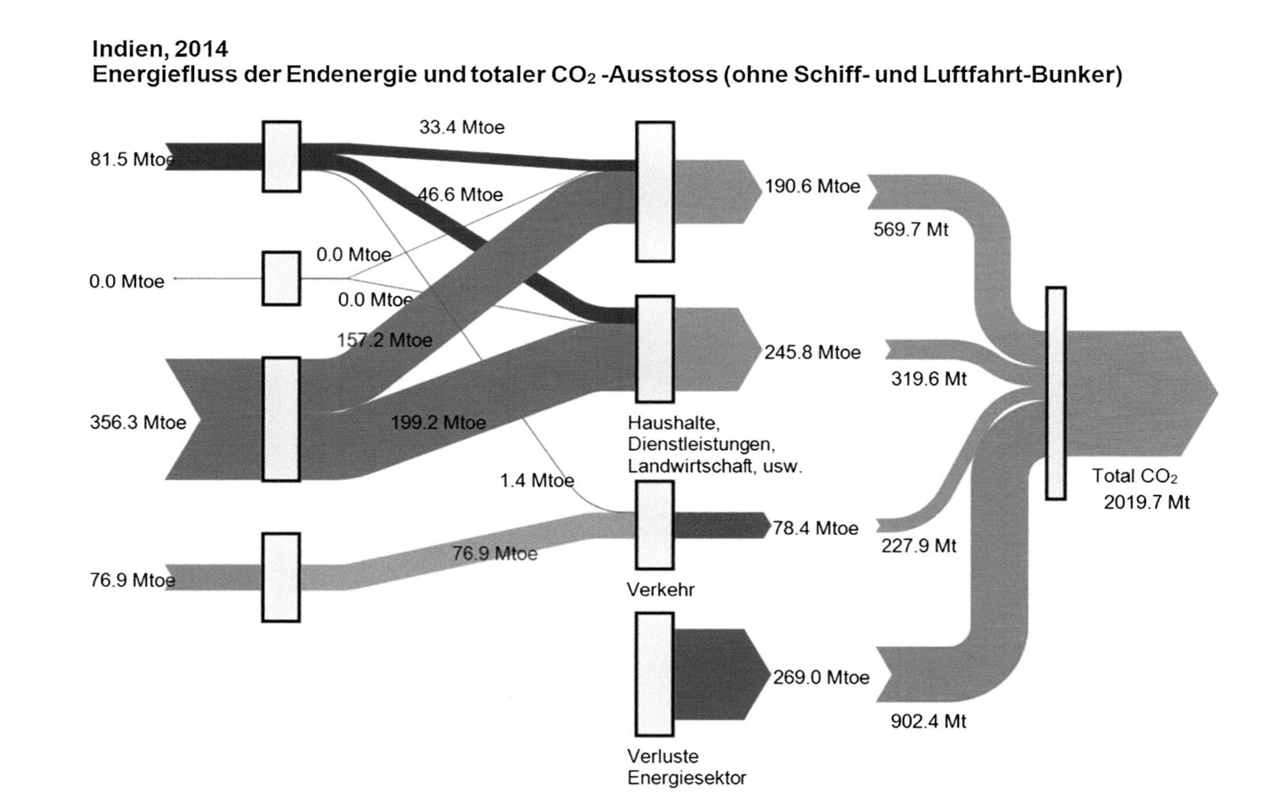

Abb. 1.12 Indien: Energiefluss der Endenergie zu den Endverbrauchern und zugeordnete CO_2-Emissionen

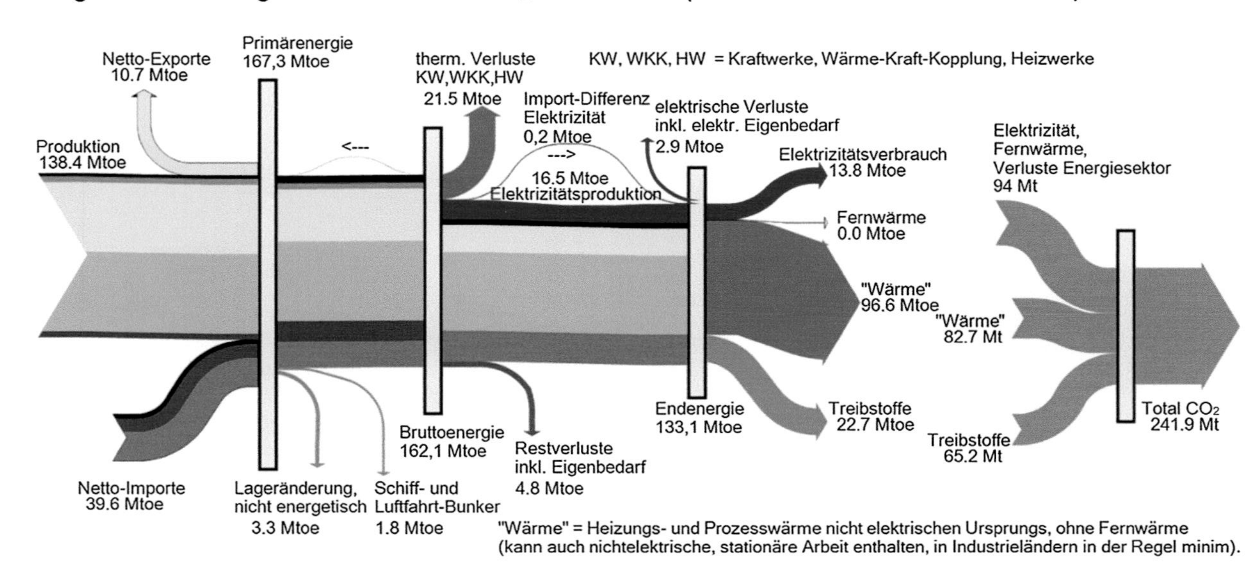

Abb. 1.13 Restliches Südasien: Energiefluss im Energiesektor von der Primärenergie zur Endenergie und CO_2-Ausstoß. Die Energieträgerfarben sind wie in Abb. 1.6 und 1.8 (Erdöl dunkelbraun, Erdölprodukte hellbraun)

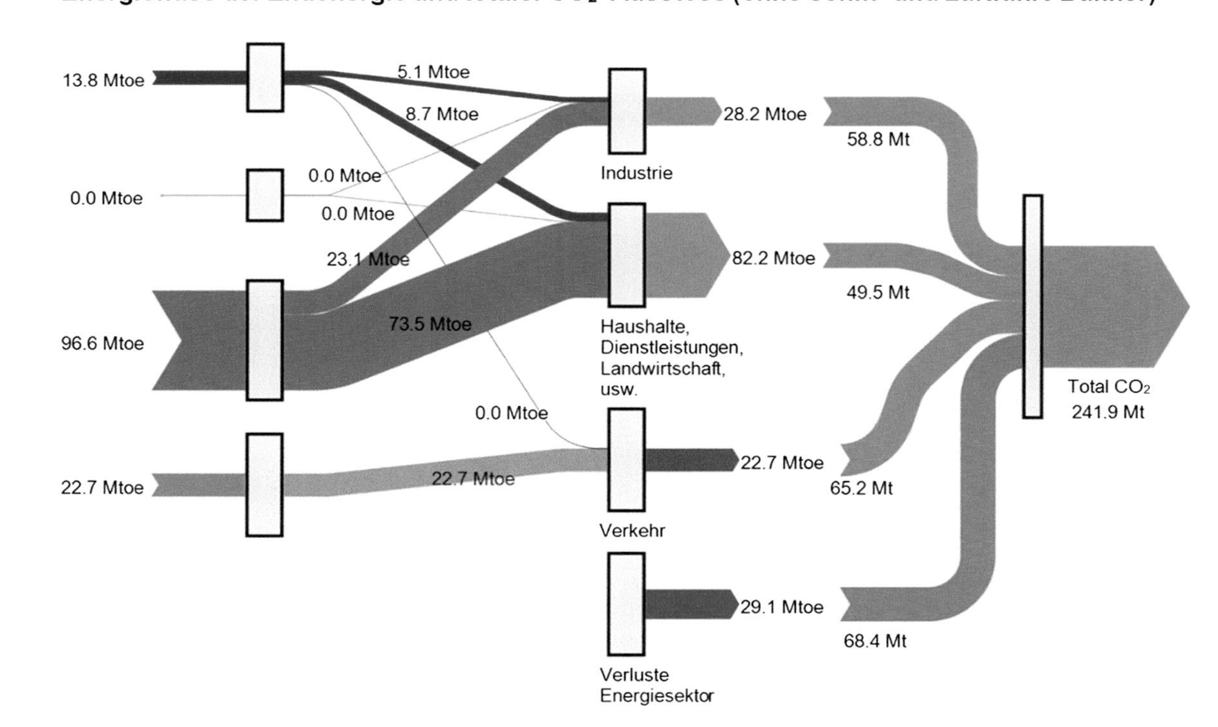

Abb. 1.14 Restliches Südasien: Energiefluss der Endenergie zu den Endverbrauchern und zugeordnete CO_2-Emissionen

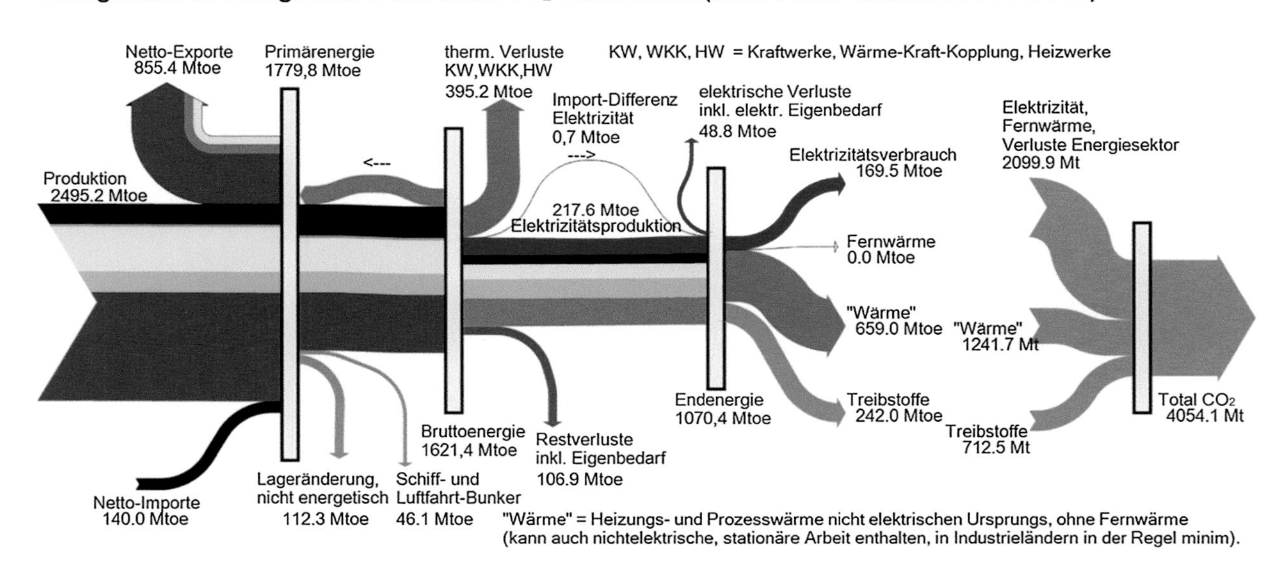

Abb. 1.15 Naher Osten und Süd-Asien insgesamt: Energiefluss im Energiesektor von der Primärenergie zur Endenergie und CO_2-Ausstoß. Die Energieträgerfarben sind wie in Abb. 1.6 und 1.8 (Erdöl dunkelbraun, Erdölprodukte hellbraun)

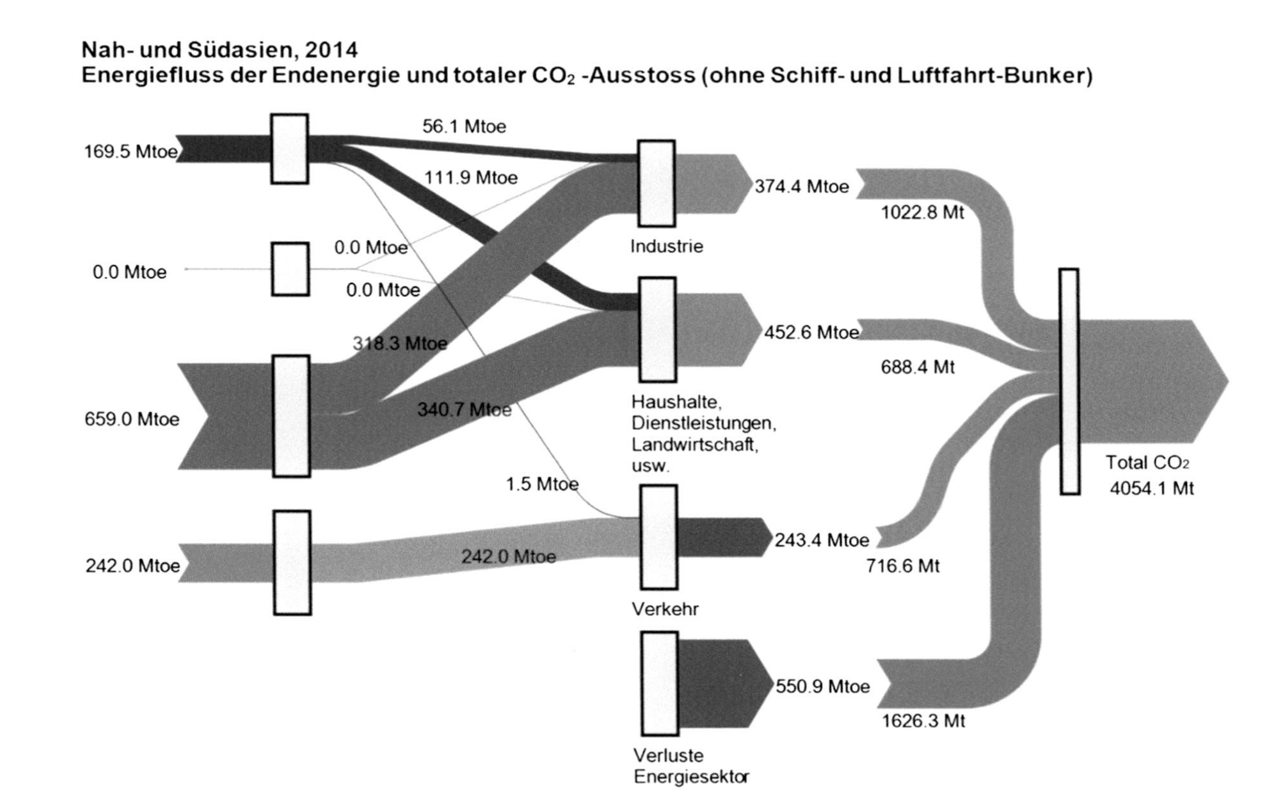

Abb. 1.16 Naher Osten und Südasien insgesamt: Energiefluss der Endenergie zu den Endverbrauchern und zugeordnete CO_2-Emissionen

Tab. 1.2 Vergleich der Indikatoren in 2014 ($ von 2010)

	Naher Osten	Indien	Rest-Südasien	Naher Osten und Südasien
kWh/$	1,56	1,35	1,04	1,38
g CO_2/kWh	228	222	128	215
g CO_2/$	355	298	134	297
BIP (KKP) $ pro Kopf, a	21.800	5200	4100	6900
t CO_2/Kopf, a	7,7	1,6	0,5	2,1

kWh/$ = Energieintensität
g CO_2/kWh = CO_2-Intensität der Energie
g CO_2/$ = Maßstab für die Nachhaltigkeit der Wirtschaft bezüglich CO_2- Emissionen (kurz: Indikator der CO_2-Nachhaltigkeit)
(Vergleichswerte: Westeuropa 167 g CO_2/$, USA 323 g CO_2/$)

Tab. 1.3 Prozentualer Anteil der **erneuerbaren** und **CO_2-armen Elektrizitätsproduktion,** im Jahr 2014, in den bevölkerungsreichsten Ländern vom Nahen Osten und Südasien (>30 Mio.), sowie **Indikator der CO_2-Nachhaltigkeit in g CO_2/$**

	Erneuerbare Energien (%)	CO_2-arme Energien (%)	g CO_2/$ (BIP KKP)
Iran	5	7	444
Saudi Arabien	0	0	341
Indien	15	18	298
Pakistan	30	35	168
Bangladesch	1	1	126
Myanmar	62	62	81

CO_2-arme Energien = erneuerbare Energien + Kernenergie

1.5 Energieintensität

Bevölkerungsreichster Staat von Südasien ist **Indien** und dessen Entwicklung deshalb für die Region von grundlegender Bedeutung. Die Energieintensität Indiens ist mit 1,35 kWh/$ (Abb. 1.17) angesichts der Unterentwicklung eher hoch, aber tiefer als der Weltdurchschnitt von 1,57 kWh/$. Die gute Entwicklung seit 2000 ist als positives Signal zu werten.

Unter den Ländern **Rest-Südasiens** sticht die hohe Energieintensität von Nepal heraus (>2 kWh/$, Abb. 1.17). Sie ist z. T. klimatisch bedingt, aber bezüglich des Klimaschutzes tragbar, da Nepal eine sehr niedrige CO_2-Intensität der

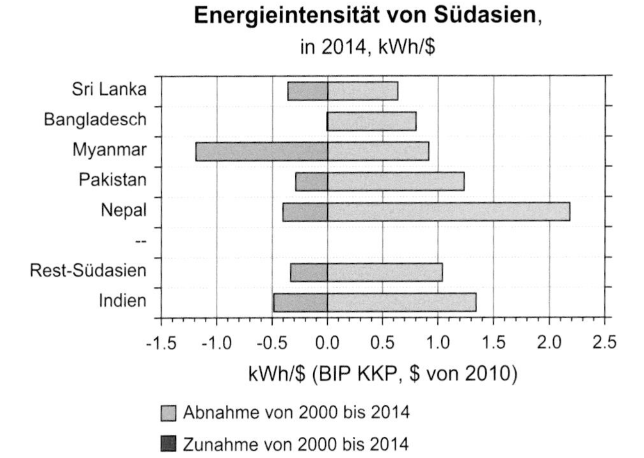

Abb. 1.17 Energieintensität der Länder Südasiens und Fortschritte seit 2000

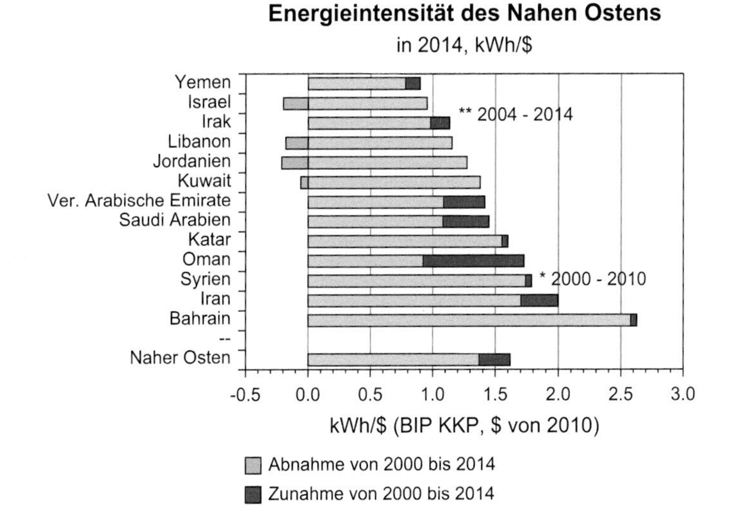

Abb. 1.18 Energieintensität der Länder des Nahen Ostens und Änderungen seit 2000

Energie aufweist (Verwendung vor allem von Biomasse und Wasserkraft). Sehr positiv ist die Entwicklung von Myanmar seit 2000, gut auch die in Sri-Lanka.

Der öl- und gasreiche **Nahe Osten** hat einen Durchschnittswert von 1,56 kWh/$ (Abb. 1.18), was etwa dem Weltdurchschnitt entspricht. Die insgesamt immer noch steigende Tendenz wird von Iran, Saudi Arabien und den Golfstaaten verursacht, die alle über 1,3 kWh/$, einige gar deutlich über 1.5 kWh/$ liegen. Deutlich positive Tendenzen sind nur in Israel, Libanon und Jordanien festzustellen. Wegen kriegerischer Ereignisse beschränken sich die Daten von Syrien auf die Periode 2000–2010, jene des Iraks auf 2004–2014.

In Abb. 1.19 wird schließlich für den Nahen Osten und für Südasien der **Zusammenhang zwischen Energieintensität und Bruttoinlandprodukt pro Kopf** dargestellt. Bei schwacher Entwicklung ist weltweit allgemein eine starke

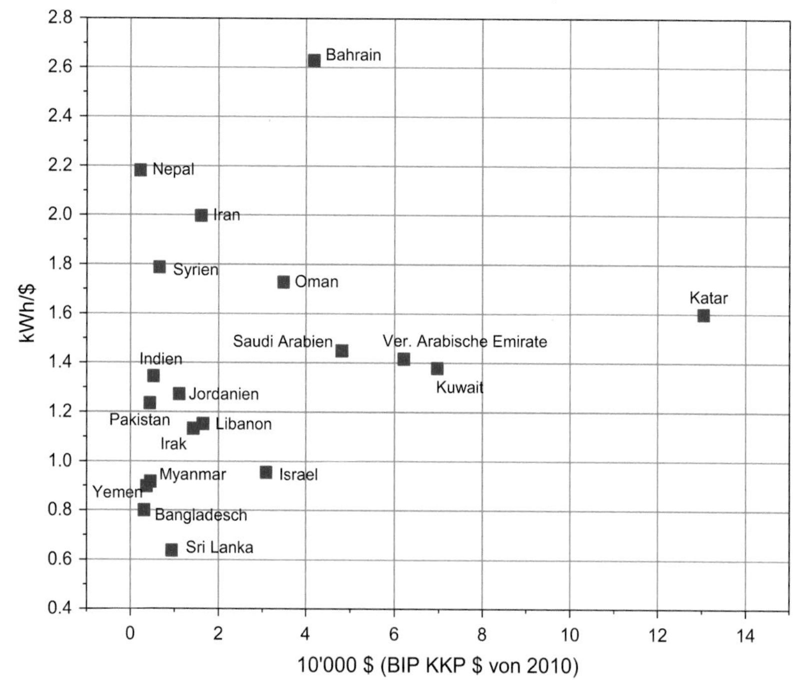

Abb. 1.19 Energieintensität der Länder des Nahen Ostens und Süd-Asiens in Abhängigkeit vom BIP KKP pro Kopf ($ von 2010), in 2014

Streuung der Energieintensität feststellbar. Diese hängt stark von den lokalen Verhältnissen ab (verfügbare Energieträger). Bei zunehmendem Wohlstand konvergiert sie dann meistens auf Werte zwischen 1 und 1,5 kWh/\$. In Zukunft müsste die Energieintensität aus Umwelt- und Klimaschutzgründen deutlich unter 1 kWh/\$ sinken. Im Nahen Osten ist sie überdurchschnittlich hoch, trotz hohem mittlerem BIP, was mit der hohen (und billigen) Energieverfügbarkeit zusammenhängt.

1.6 CO_2-Intensität der Energie

Die CO_2-Intensität des Nahen Ostens und Südasiens liegt insgesamt dank Rest-Südasien etwa beim Weltdurchschnitt von rund 216 g CO_2/kWh. Die Werte sind je nach Land stark unterschiedlich (Abb. 1.20). Anders als bei der Energieintensität

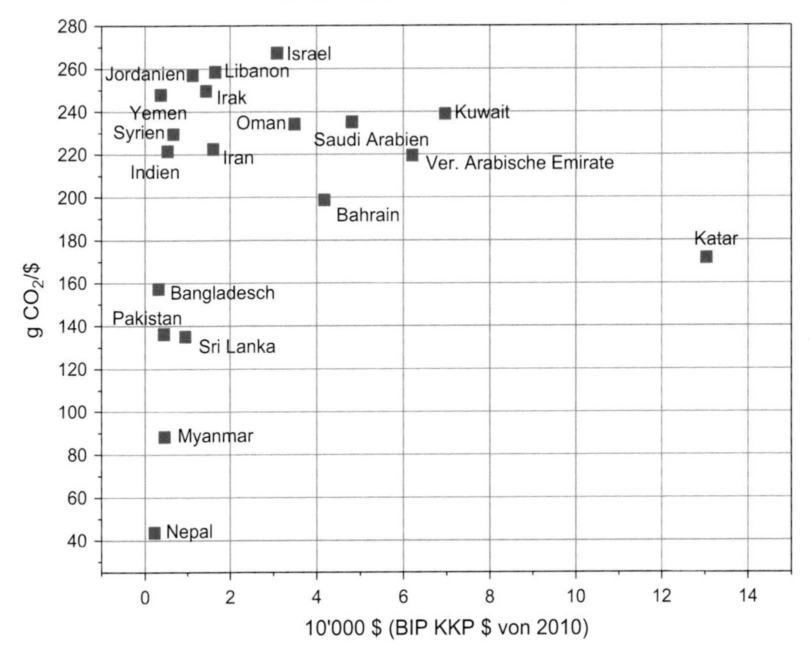

Abb. 1.20 CO_2-Intensität der Energie im Nahen Osten und Südasien in Abhängigkeit vom BIP KKP pro Kopf (in \$ von 2010), Weltdurchschnitt 216 g CO_2/kWh

ist bei Unterentwicklung in der Regel ein niedriger Wert der CO_2-Intensität der Energie zu erwarten, entsprechend dem stark auf Biomasse ausgerichteten Energieverbrauch (CO_2-Neutralität der Biomasse wird angenommen). Zunehmende Entwicklung führt zunächst zum vermehrten Verbrauch fossiler Brennstoffe und somit zu einer Erhöhung der CO_2-Intensität der Energie.

Dies zeigt sich in **Indien** wo diese CO_2-Intensität 200 g CO_2/kWh deutlich überschritten hat und weiter zunimmt (Abb. 1.21). Die **restlichen Länder Südasiens** sind weniger betroffen, da eher Öl und Gas als Kohle verwendet wird oder wie in Nepal und Myanmar Wasserkraft eine größere Rolle spielt. Im **Nahen Osten** (Abb. 1.22) ist nach der Überschreitung von 200 g CO_2/kWh bereits eine leichte Reduktion feststellbar.

Im Hinblick auf den Klimaschutz wäre es angebracht zu versuchen, vor allem in Indien und im Nahen Osten, diesen Indikator bis 2030 auf etwa 200 g CO_2/kWh oder weniger zu stabilisieren und dann durch stärkere Gewichtung erneuerbarer Energien bei der Elektrizitätsproduktion (Wasser, Wind und Sonne), evtl. auch durch Kernenergie, empfindlich weiter zu reduzieren. Im restlichen Südasien müsste der Anstieg der CO_2-Intensität der Energie mithilfe erneuerbarer Energien möglichst rasch gebremst werden.

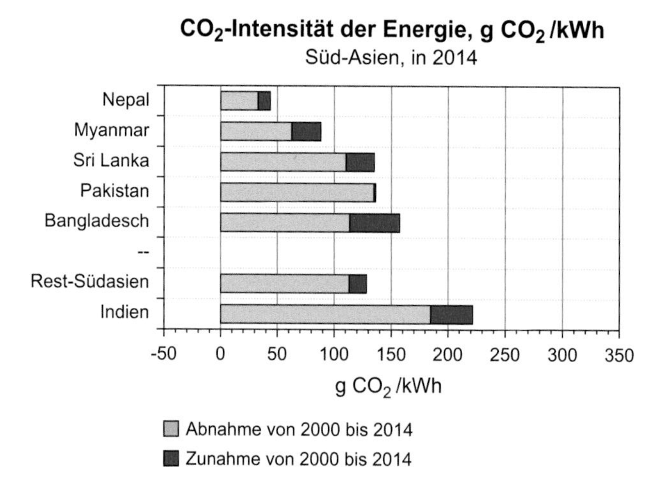

Abb. 1.21 CO_2-Intensität der Energie der Länder Südasiens und Änderungen seit 2000

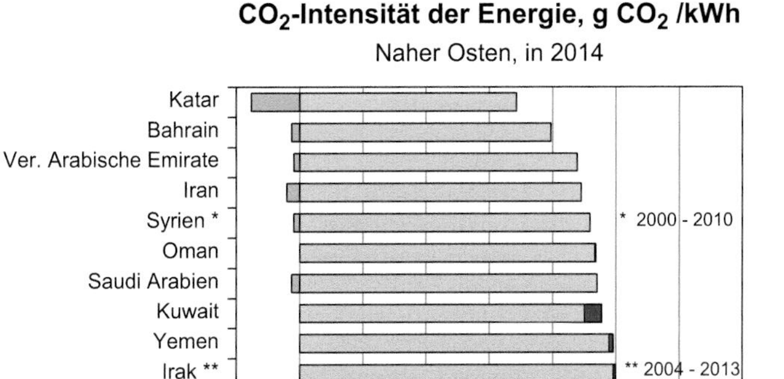
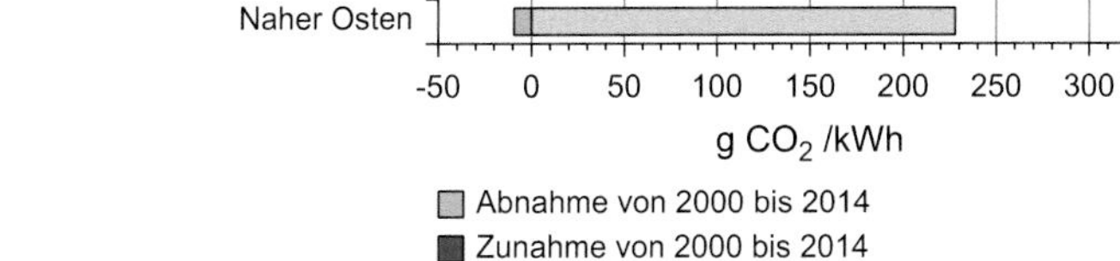

Abb. 1.22 CO_2-Intensität der Energie der Länder des Nahen Ostens und Änderungen seit 2000

1.7 Indikator der CO_2-Nachhaltigkeit

Die Nachhaltigkeit der Energieversorgung bezüglich des CO_2-Ausstoßes wird durch das Produkt von Energieintensität und CO_2-Intensität der Energie bestimmt und somit durch den **Indikator g CO_2/$.**

In 2014 ist der Durchschnittswert **Südasiens** mit 240 g CO_2/$ deutlich niedriger als der Weltdurchschnitt von 340 g CO_2/$. [1, 2]. Zu hoch ist vor allem der Wert von **Indien** angesichts des niedrigen Entwicklungsstandes (Abb. 1.23), wobei aber seit 2000 immerhin erfreuliche Fortschritte festzustellen sind.

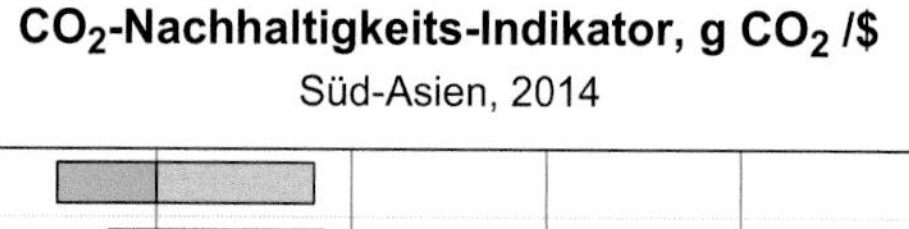

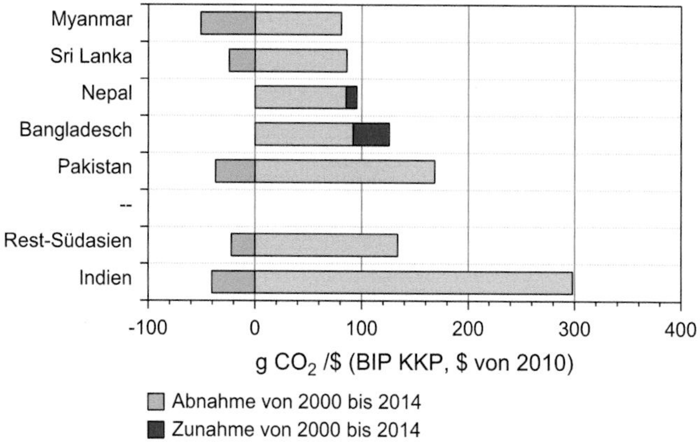

Abb. 1.23 Indikator der CO_2-Nachhaltigkeit der Länder Südasiens in 2014 und Fortschritte bzw. Rückschritte seit 2000

Rest-Südasien weist ebenfalls Fortschritte auf, Myanmar und Sri-Lanka haben ausgezeichnete Werte unter 100 g CO_2/$, die möglichst zu erhalten sind.

Deutlich weniger nachhaltig ist der **Nahe Osten** (Abb. 1.24) mit im Mittel 350 g CO_2/$, was in erster Linie der hohen und weiter steigenden Energieintensität zuzuschreiben ist (Abb. 1.18). Bis 2030 müsste man, um die Klimaschutz-Bedingungen zu erfüllen, einen Wert von 250 g CO_2/$ unterschreiten (Kap. 2).

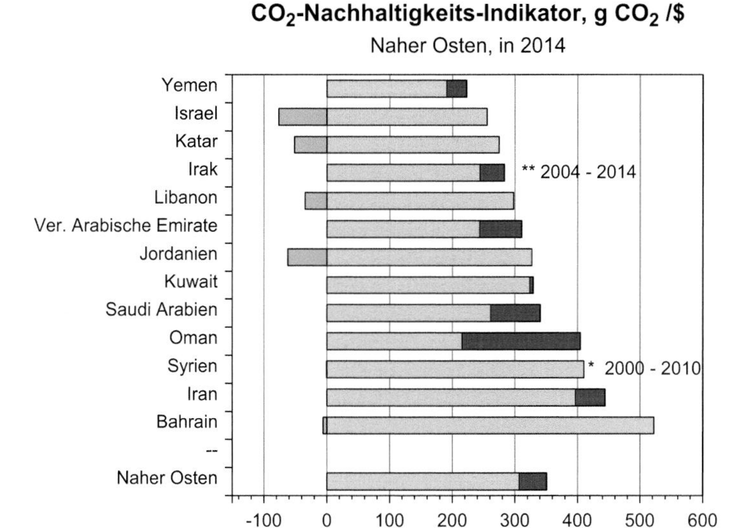

Abb. 1.24 Indikator der CO_2-Nachhaltigkeit der Länder des Nahen Ostens in 2014 und Änderungen seit 2000

Die Abb. 1.25 veranschaulicht für den Nahen Osten und Südasien den statistischen Zusammenhang zwischen CO_2-Nachhaltigkeit und Bruttoinlandsprodukt pro Kopf. Schwach entwickelte Länder sind zwar mehrheitlich, dank Biomasse oder Wasserkraft, bezüglich des CO_2-Ausstoßes unter 200 g CO_2/$ und somit vorerst noch relativ nachhaltig. Ausnahmen sind Indien wegen eines starken Kohleanteils bei der Stromerzeugung und Iran wegen der schlechten Energieeffizienz. Trotz fortschreitender wirtschaftlicher Entwicklung wäre es angebracht, entsprechend

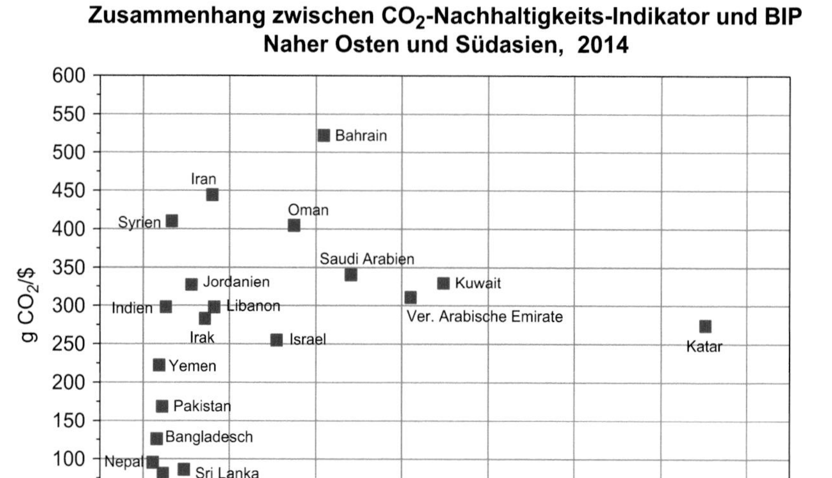

Abb. 1.25 CO_2-Nachhaltigkeit der Länder vom Nahen Osten und Südasien in Abhängigkeit vom BIP KKP pro Kopf

den Klimaschutz-Vorgaben, bis 2030 Werte deutlich unter 300 g CO2/$ anzustreben. Dies gilt – wie schon erwähnt – auch für alle heute stark entwickelten Länder im Nahen Osten durch stärkere Förderung erneuerbarer Energien und durch Kernenergie oder CCS (Carbon Capture and Storage).

CO_2-Emissionen und Indikatoren bis 2014 und notwendiges Szenario zur Einhaltung des 2-Grad-Ziels

2

Die Abb. 2.1 zeigt die Anteile der Weltregionen an den weltweiten, für den Klimawandel ausschlaggebenden, **kumulierten Kohlenstoff-Emissionen von 1971 bis 2014.** Die stark industrialisierten Länder sind eindeutig die Hauptverursacher des Klimawandels, wie die Abb. 2.2 noch etwas detaillierter zeigt. Zu den 262 Gt C

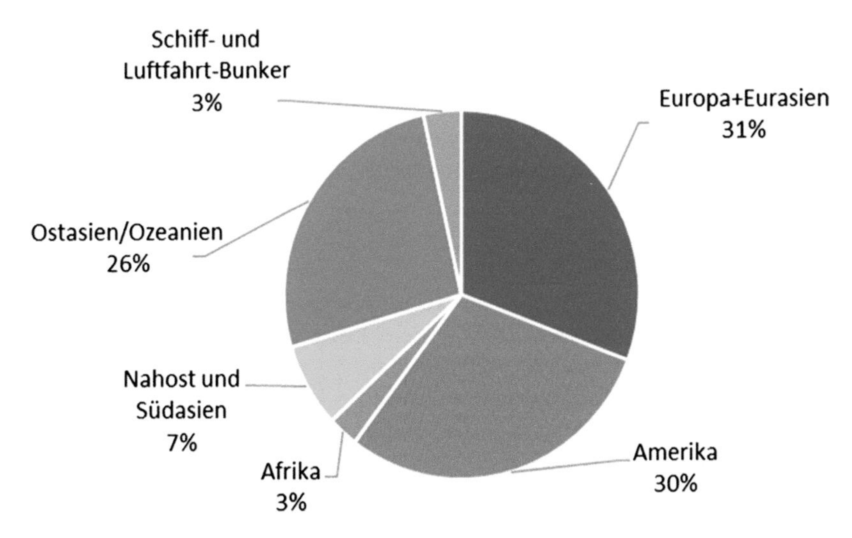

Abb. 2.1 Prozent-Anteile der kumulierten Kohlenstoff-Emissionen von 1971 bis 2014 Gt C = Gigatonnen Kohlenstoff, 1 Gt C = 3,67 Gt CO_2

V. Crastan, *Klimawirksame Kennzahlen für den Nahen Osten und Südasien,* essentials, https://doi.org/10.1007/978-3-658-20573-7_2

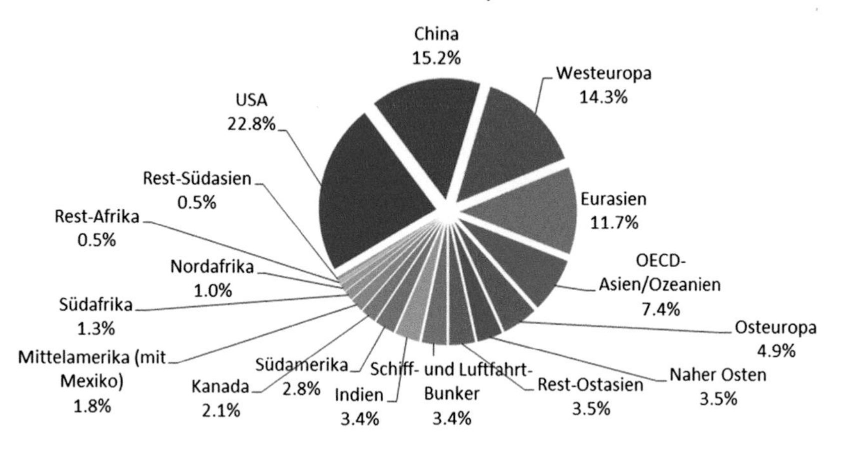

Abb. 2.2 Verursacher der kumulierten Emissionen seit 1971

kumulierten Emissionen von 1971 bis 2014 kommen noch etwa 100 Gt C von 1870 bis 1971 hinzu, letztere in erster Linie von Europa und USA verursacht. Seit Beginn der Industrialisierung sind also **362 Gt C** an die Atmosphäre abgegeben worden. Für das 2-Grad-Ziel sind bis 2100 maximal 800 Gt C zulässig, für das 1.5-Grad-Ziel nur 550 Gt C [2].

2.1 Naher Osten

Ein mit dem 2-Grad-Ziel [2, 6–9] kompatibles Szenario bis 2050 für den Nahen Osten zeigt die Abb. 2.3. Der entsprechende Verlauf der Indikatoren ist in Abb. 2.4 wiedergegeben. Ab 2020 ist sowohl eine deutliche Verbesserung der Energieeffizienz notwendig, als auch eine Reduktion der CO_2-Intensität der Energie durch Förderung erneuerbarer Energien oder Kernenergie bzw. CCS.

Die dazu notwendigen prozentualen jährlichen Änderungen bis 2030 für die beiden Varianten sind detaillierter in Abb. 2.5 wiedergegeben. Die Variante *a* ist vor allem anzustreben. Sie würde bei verstärkter Reduktionstendenz der Indikatoren ab 2030 auch Ziele unter 2 °C (z. B. 1,5 °C) ermöglichen.

Der zugehörige Verlauf der pro Kopf Indikatoren für das kaufkraftbereinigte Bruttoinlandprodukt, die Bruttoenergie und den CO_2-Ausstoß sind schließlich in Abb. 2.6 dargestellt, für 1980 bis 2014 und entsprechend dem 2-Grad-Szenario.

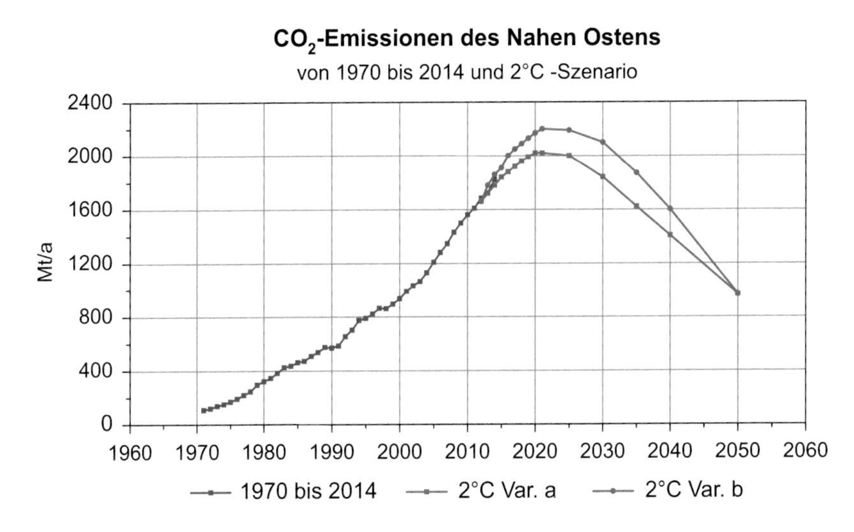

Abb. 2.3 Mit dem 2-Grad-Ziel kompatibles Szenario für den Nahen Osten

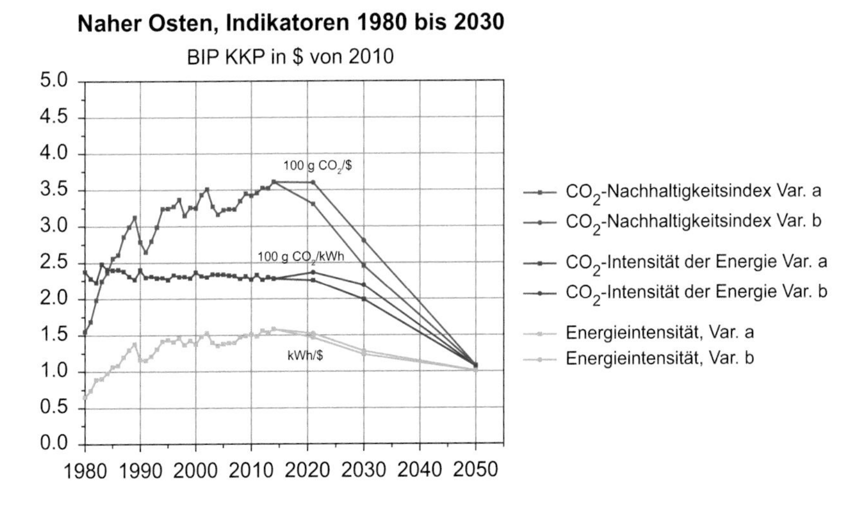

Abb. 2.4 Indikatoren-Verlauf von 1980 bis 2014 und mit dem 2 °C-Ziel kompatibler Verlauf bis 2050

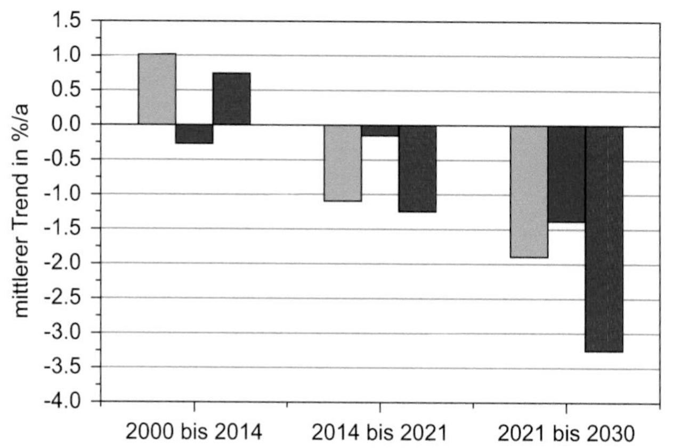

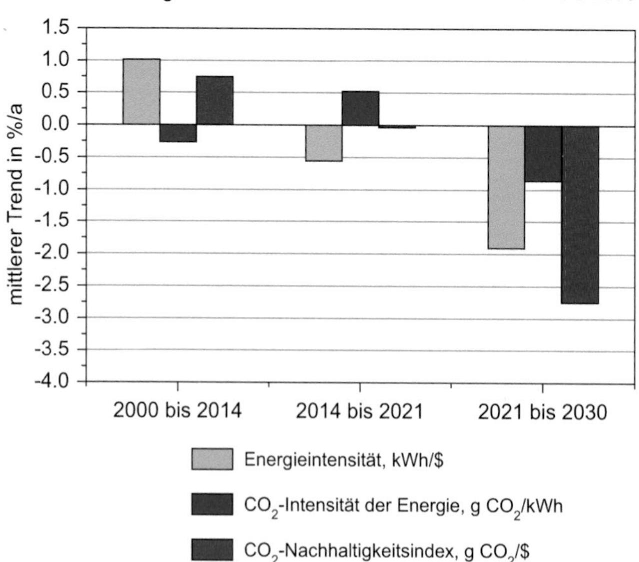

Abb. 2.5 Indikatoren-Trend in %/a von 2000 bis 2014 und notwendige Trendänderung ab 2014 zur Einhaltung des 2-Grad-Ziels für die Varianten *a* und *b*

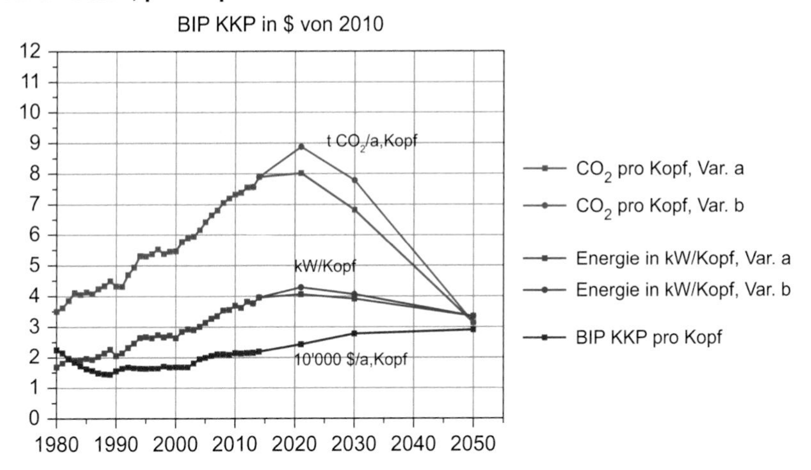

Abb. 2.6 Pro Kopf Indikatoren vom Nahen Osten von 1980 bis 2014 und 2-Grad-Szenario bis 2050

2.2 Indien

Ein mit dem 2-Grad-Ziel kompatibles Szenario bis 2050 für Indien zeigt Abb. 2.7. Der entsprechende Verlauf der Indikatoren ist in Abb. 2.8 wiedergegeben.

Indien hat mit 1,4 kWh/$ eine für ein Entwicklungsland recht hohe Energieintensität, was auf eine verbreitete Ineffizienz des Energieeinsatzes hinweist. Die im Mittel gute Tendenz seit 2000 muss fortgesetzt werden. Die CO_2-Intensität der Energie ist bis 2020 zu stabilisieren, bis 2030 durch Reduktion des Kohleeinsatzes, durch Kernenergie und erneuerbare Energien und evtl. durch CCS zu vermindern und dann bis 2050 auf etwa 150 g CO_2/kWh zu reduzieren.

Die dazu notwendigen prozentualen jährlichen Änderungen bis 2030 für die beiden Varianten sind detaillierter in Abb. 2.9 wiedergegeben. Die Variante *a* ist vor allem anzustreben. Sie würde bei verstärkter Reduktionstendenz der Indikatoren ab 2030 auch Ziele unter 2 °C (z. B. 1,5 °C) ermöglichen.

Der zugehörige Verlauf der pro Kopf Indikatoren für das kaufkraftbereinigte Bruttoinlandprodukt, die Bruttoenergie und den CO_2-Ausstoß sind schließlich in Abb. 2.10 dargestellt, für 1980 bis 2014 und entsprechend dem 2-Grad-Szenario.

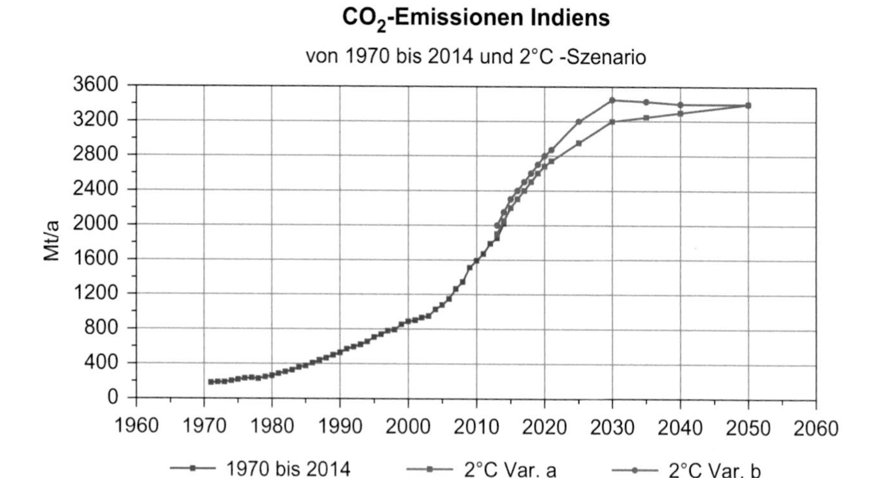

Abb. 2.7 Mit dem 2-Grad-Ziel kompatibles Szenario für Indien

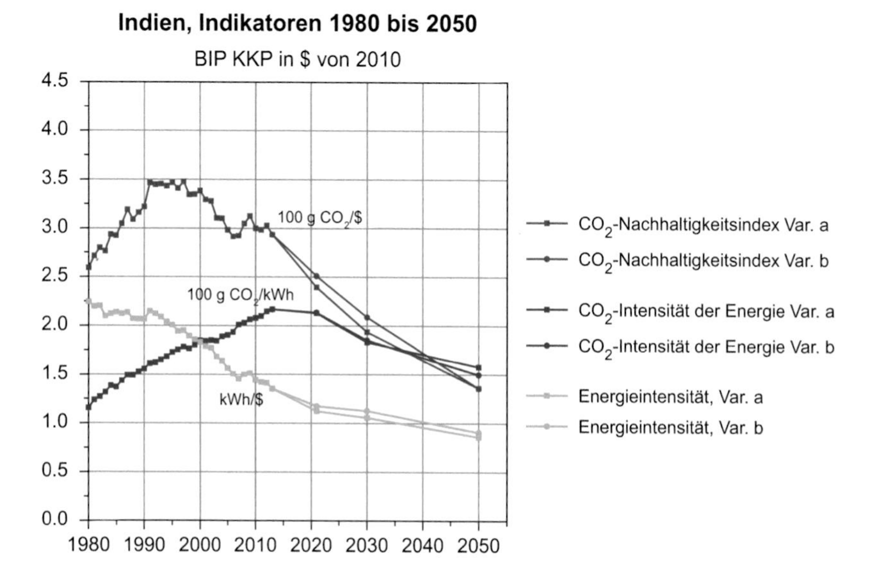

Abb. 2.8 Indikatoren-Verlauf von 1980 bis 2014 und mit dem 2 °C-Ziel kompatibler Verlauf bis 2050

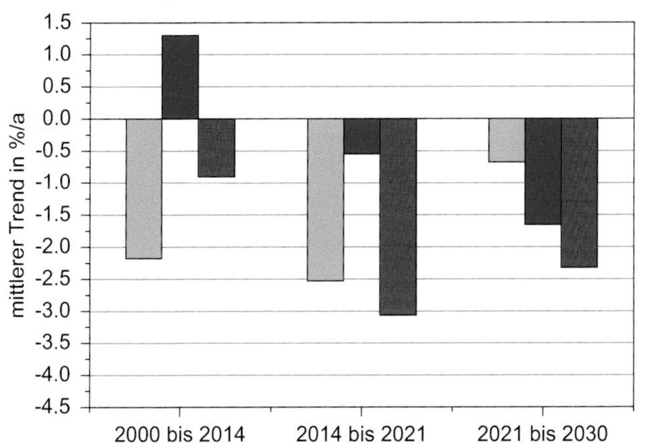

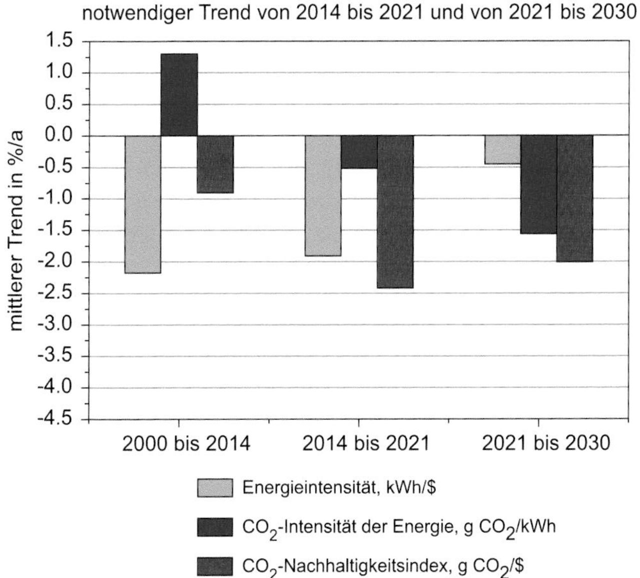

Abb. 2.9 Indikatoren-Trend in %/a von 2000 bis 2014 und notwendige Trendänderung ab 2014 zur Einhaltung des 2-Grad-Ziels für die Varianten *a* und *b*

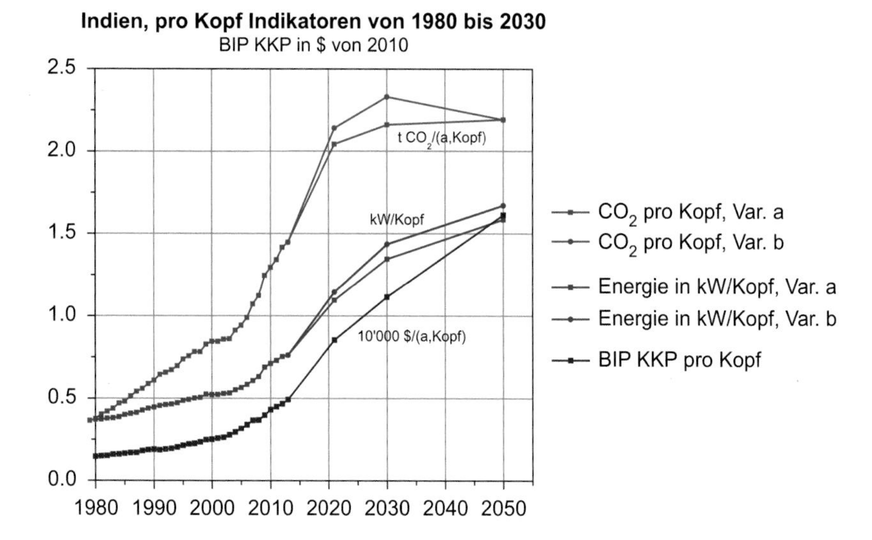

Abb. 2.10 Pro Kopf Indikatoren Indiens von 1980 bis 2014 und 2-Grad-Szenario bis 2050

2.3 Rest-Südasien

Ein mit dem 2-Grad-Ziel kompatibles Emissions-Szenario bis 2050 für das insgesamt eher unterentwickelte Rest-Südasien zeigt Abb. 2.11. Der entsprechende Verlauf der Indikatoren ist in Abb. 2.12 wiedergegeben. Notwendig ist die Beibehaltung und wenn möglich Verbesserung der Tendenz zur Reduktion der Energieintensität und eine Verminderung der gegenwärtigen Tendenz zur Erhöhung und dann Inversion der Tendenz der CO_2-Intensität der Energie, mit Hilfe erneuerbarer Energien.

Die bis 2030 notwendigen prozentualen jährlichen Änderungen der Indikatoren für die beiden Varianten sind detaillierter in Abb. 2.13 wiedergegeben. Die Variante *b* ist sowohl bezüglich Energieintensität als auch CO_2-Intensität der Energie etwas großzügiger. Die Variante *a* ist vor allem anzustreben. Sie würde bei verstärkter Reduktionstendenz der Indikatoren ab 2030 auch Ziele unter 2 °C (z. B. 1,5 °C) ermöglichen.

Der zugehörige Verlauf der pro Kopf Indikatoren für das kaufkraftbereinigte Bruttoinlandprodukt, die Bruttoenergie und den CO_2-Ausstoß sind schließlich in Abb. 2.14 dargestellt, für 1980 bis 2013 und entsprechend dem 2-Grad-Szenario.

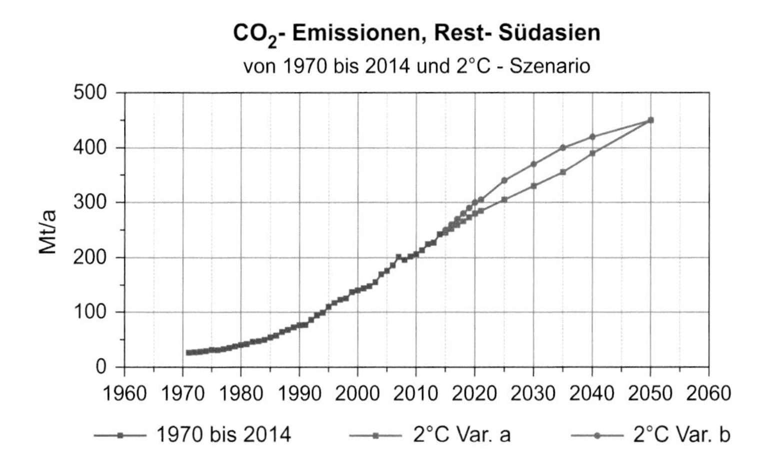

Abb. 2.11 Mit dem 2-Grad-Ziel kompatibles Szenario für Rest-Südasien

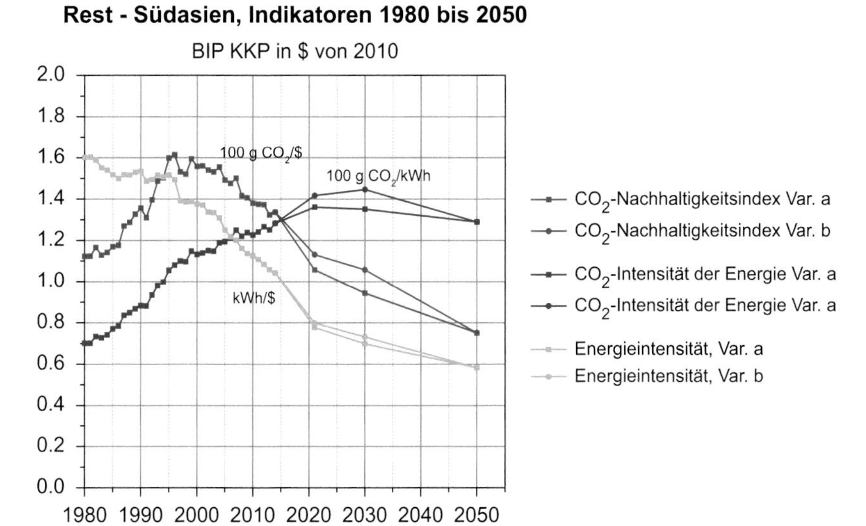

Abb. 2.12 Indikatoren-Verlauf von 1980 bis 2014 und mit dem 2 °C-Ziel kompatibler Verlauf bis 2050

Rest- Südasien, 2°C-Grad Ziel, Var. *a* : 330 Mt CO_2 in 2030

Trend der Indikatoren von 2000 bis 2014 und
notwendiger Trend von 2014 bis 2021 und von 2021 bis 2030

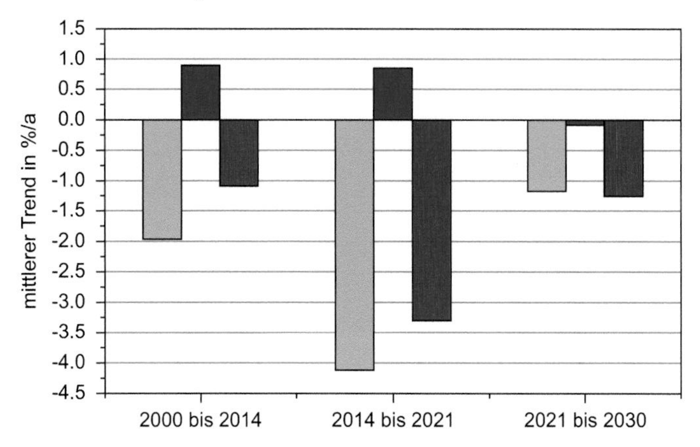

Rest- Südasien, 2°C-Grad Ziel, Var. *b* : 370 Mt CO_2 in 2030

Trend der Indikatoren von 2000 bis 2014 und
notwendiger Trend von 2014 bis 2021 und von 2021 bis 2030

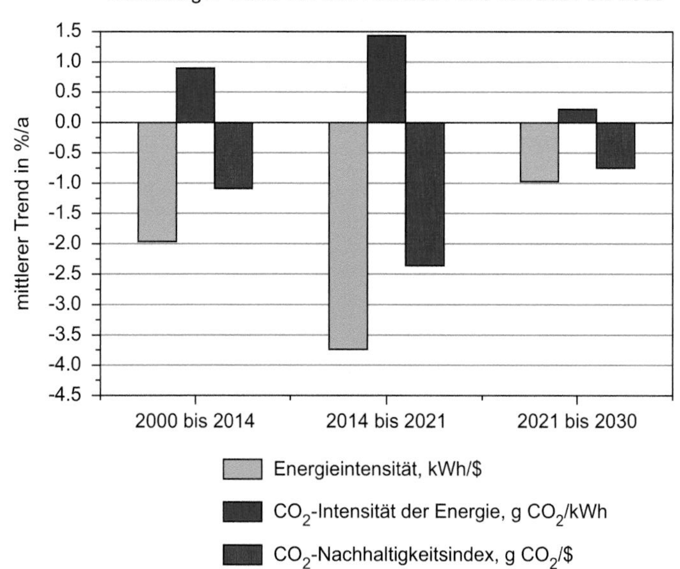

Abb. 2.13 Indikatoren-Trend in %/a von 2000 bis 2014 und notwendige Trendänderung ab 2014 zur Einhaltung des 2-Grad-Ziels für die Varianten *a* und *b*

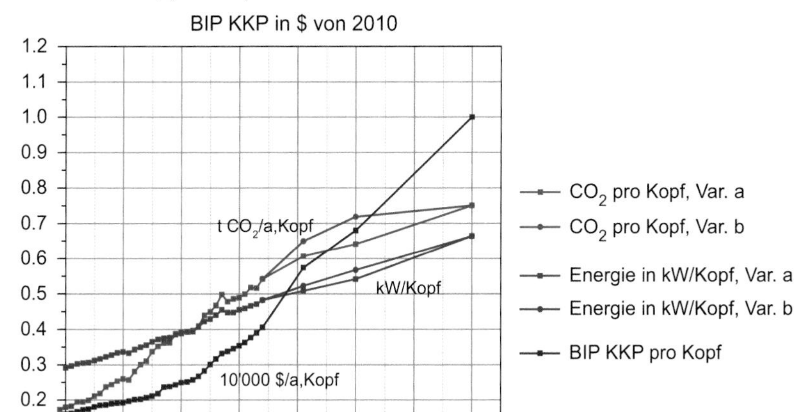

Abb. 2.14 Pro Kopf Indikatoren Rest- Südasiens von 1980 bis 2014 und 2-Grad-Szenario bis 2050

2.4 Naher Osten und Südasien insgesamt

Die entsprechenden Diagramme für Nah- und Südasien ergeben sich durch Aufsummierung der Diagramme der drei Regionen und sind in den Abb. 2.15, 2.16, 2.17, 2.18 und 2.19 gegeben.

Die Abb. 2.15 und 2.16 veranschaulichen die CO_2-Emissionen und die entsprechenden Indikatoren bis 2050 für die zwei Varianten *a* und *b*. Die bis 2030 notwendigen prozentualen jährlichen Änderungen der Indikatoren für die beiden Varianten sind detaillierter in den Abb. 2.17 und 2.18 wiedergegeben. Der Verlauf der pro-Kopf-Indikatoren für das kaufkraftbereinigte Bruttoinlandprodukt, die Bruttoenergie und den CO_2-Ausstoß sind schließlich in Abb. 2.19 dargestellt.

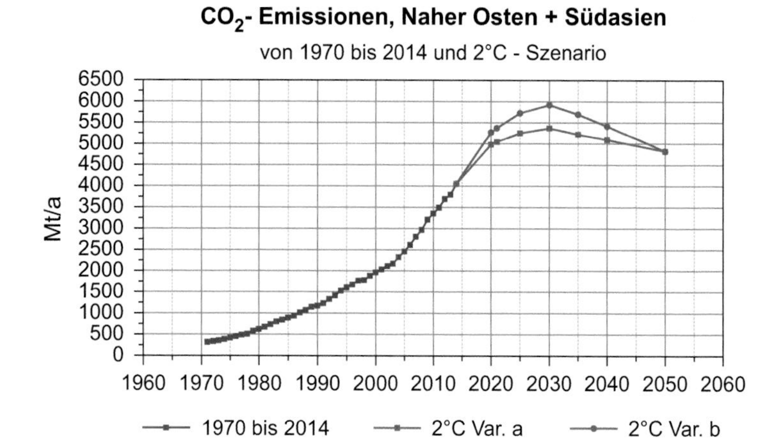

Abb. 2.15 Mit dem 2-Grad-Ziel kompatibles Szenario für Nahen Osten + Südasien

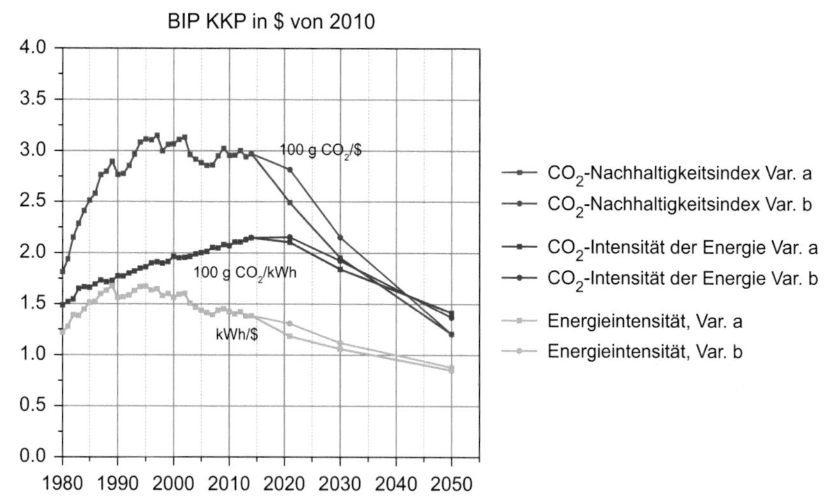

Abb. 2.16 Indikatoren-Verlauf von 1980 bis 2014 und mit dem 2 °C-Ziel kompatibler Verlauf bis 2050

Naher Osten + Südasien, 2°C-Grad Ziel, Var. *a* : 5'370 Mt CO_2 in 2030

Trend der Indikatoren von 2000 bis 2014 und
notwendiger Trend von 2014 bis 2021 und von 2021 bis 2030

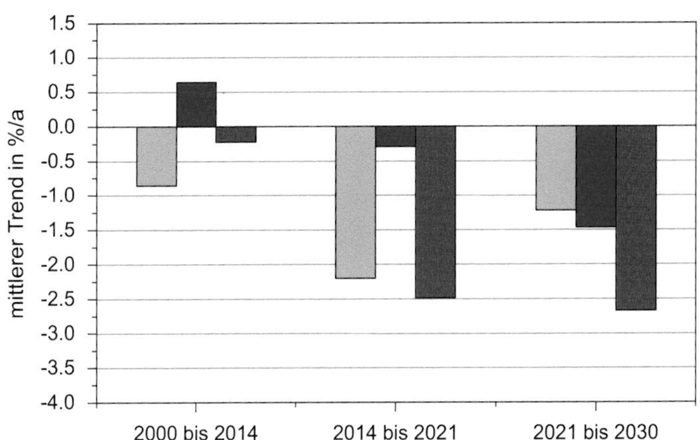

Naher Osten + Südasien, 2°C-Grad Ziel, Var. *b* : 5'920 Mt CO_2 in 2030

Trend der Indikatoren von 2000 bis 2014 und
notwendiger Trend von 2014 bis 2021 und von 2021 bis 2030

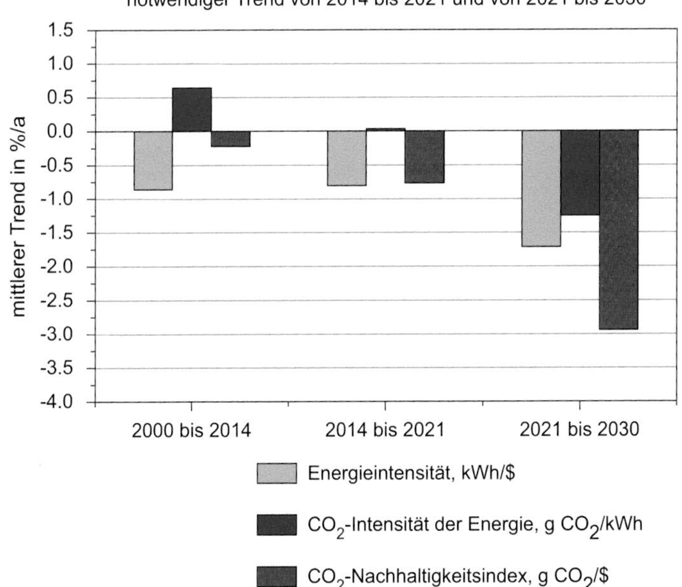

Abb. 2.17 Indikatoren-Trend in %/a von 2000 bis 2014 und notwendige Trendänderung ab 2014 zur Einhaltung des 2-Grad-Ziels für die Varianten *a* und *b*

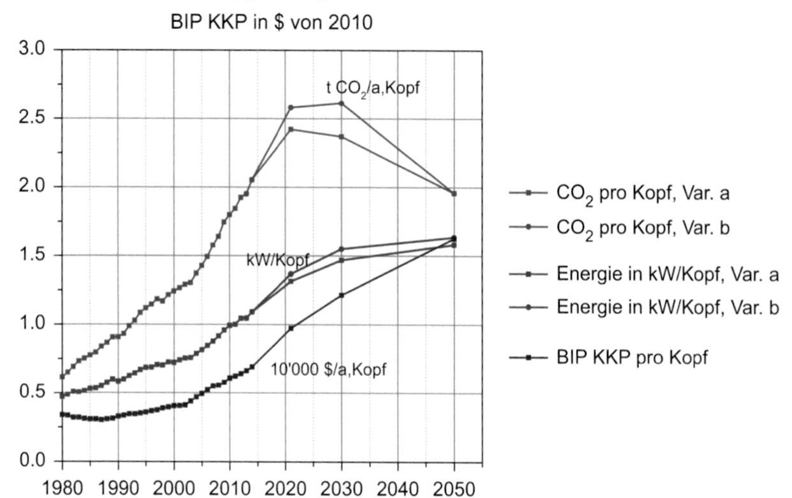

Abb. 2.18 Pro Kopf Indikatoren vom Nahen Osten + Südasien von 1980 bis 2014 und 2-Grad-Szenario bis 2050

2.5 Zusammenfassung

Die Abb. 2.19 und 2.20 geben die Änderung in % des Indikators g CO_2/$, von 2014 bis 2030, für die Varianten *a* und *b*, die für die Erreichung des 2 °C-Klimaziels notwendig ist.

Die **grüne Linie** entspricht der im **Mittel weltweit notwendigen Reduktion** des Indikators wie in [2] dargelegt. Die strengere Variante *a* ist wenn möglich anzustreben. Die Variante *b* ist großzügiger, hat aber den Nachteil, dass ab 2030 umso größere Anstrengungen notwendig werden, um das 2 °C-Ziel überhaupt zu erreichen.

Die **roten Werte** geben, in Übereinstimmung mit der vorangehenden Analyse, die **empfohlene Änderung** für die drei Regionen sowie für Nah- und Süd-Asien insgesamt. Die Marge relativ zum weltweiten Mittel ist ein Bonus für die Entwicklungs- und Schwellenländer. Sie wird ermöglicht und kompensiert durch die stärkere Anstrengung der Industriewelt (s. z. B., was Europa und Amerika betrifft,

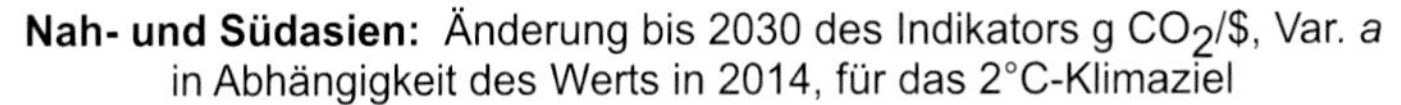

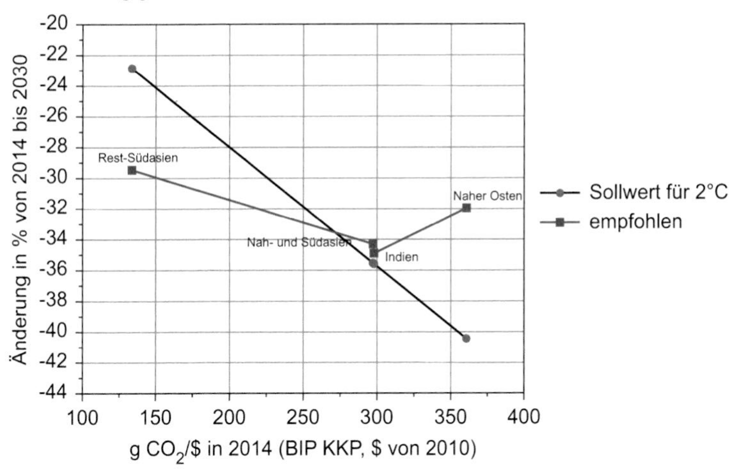

Abb. 2.19 Notwendige Änderung des Indikators g CO_2/$, um das 2 °C-Klimaziel zu erreichen, Variante *a*

Nah- und Südasien: Änderung bis 2030 des Indikators g CO2/$, Var. b
in Abhängigkeit des Werts in 2014, für das 2°C-Klimaziel

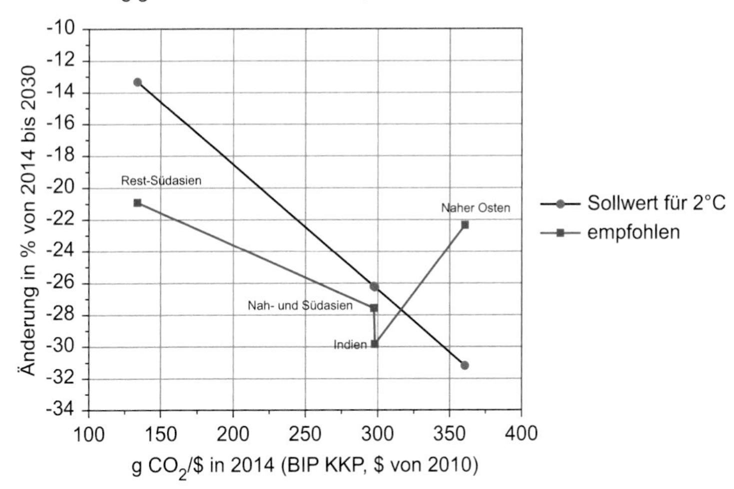

Abb. 2.20 Notwendige Änderung des Indikators g CO_2/$, um das 2 °C-Klimaziel zu erreichen, Variante *b*

die beiden ersten Bände der Reihe [10, 11]). Der Nahe Osten wurde etwas geschont angesichts der gegenwärtigen Tendenzen und der Instabilität. Dafür wird Rest-Südasien, das bei entsprechender Unterstützung beste Voraussetzungen für den Aufbau einer nachhaltigen Energiewirtschaft aufweist, etwas stärker beansprucht. Aber Indien spielt für die Erreichung der Ziele dieses Erdteils die entscheidende Rolle.

Ziele unter 2 °C

Nur mit der **Variante *a*** liegen auch **Ziele unter 2 °C** drin, **z. B. 1,5 °C** mit verstärkten Anstrengungen ab 2030. Für das 1,5 °C-Ziel dürfen bis 2100 die kumulierten Emissionen seit 1820 höchstens 550 Gt C betragen [2]. Da weltweit bis 2030, selbst mit der strengeren Variante a, die kumulierten Emissionen bereits 500 Gt C erreichen, verbleibt eine Reserve von nur 50 Gt C, was 180 Gt CO_2 entspricht.

Das 1,5 °C-Klimaziel lässt sich somit nur mit einem möglichst raschen Abbau der für 2030 prognostizierten Gesamtemission von rund 28 Gt auf Null Gt CO_2 spätestens bis 2050 erreichen. Dazu dürfte zusätzlich die Hilfe „negativer Emissionen" [2] erforderlich sein.

Die rasche und starke Verbesserung der CO_2-Nachhaltigkeit zur Gewährleistung mindestens des 2-Grad-Ziels erfordert (wobei diese Forderungen teilweise nur in entwickelten Ländern kurz- bis mittelfristig bezahlbar sein dürften):

- bei Heizwärme und Kühlung: bessere **Gebäudeisolation,** Ersatz von Ölheizungen durch Gasheizungen und vor allem durch **Wärmepumpenheizungen** (s. dazu auch Kap. 3 und [1]), sowie durch möglichst **CO_2-frei erzeugte Fernwärme** sowie **Solar-Warmwasser.** Kühlung mit **Erdsonden und CO_2-arm erzeugter Elektrizität.**
- bei Prozesswärme: Ersatz fossiler Energieträger soweit möglich durch **CO_2-arm erzeugte Elektrizität** und **Solarwärme**.
- im Verkehr: **effizientere** Motoren und fortschreitende **Elektrifizierung:** Bahnverkehr, Elektro- und Hybridfahrzeuge für den Privat- und Warenverkehr. Letztere sind sehr sinnvoll bei einer **CO_2-armen Elektrizitätsproduktion** von mindestens 50 % (s. dazu Tab. 1.3).

Eine dazugehörende und für alle wichtigste Maßnahme ist eine rasch fortschreitende Entwicklung zu einer möglichst **CO_2-freien Elektrizitätsproduktion.** Diese kann in erster Linie durch erneuerbare Energien insbesondere auch mit Geothermie, aber auch durch Kernenergie oder CCS erreicht werden. Ebenso notwendig ist die Anpassung der Netze und Speicherungstechniken an die hohe Variabilität von Solar- und Windenergie.

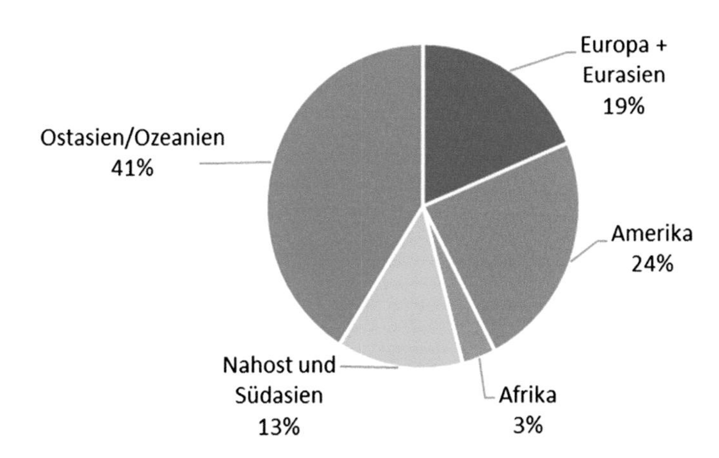

Abb. 2.21 Prozent-Anteile der fünf Weltregionen an den CO_2-Emissionen in 2014

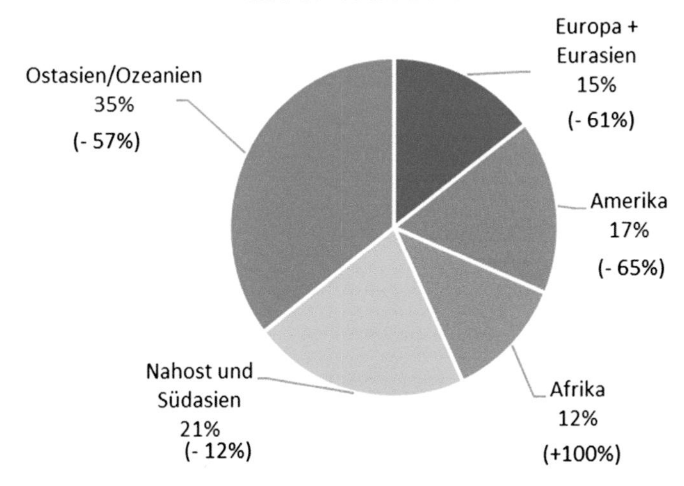

Abb. 2.22 Prozent-Anteile der CO_2-Emissionen in 2050, 2-Grad-Klimaziel

Die Abb. 2.21 zeigt den Anteil vom Nahen Osten und Südasien und der übrigen Weltregionen an den weltweiten CO_2-Emissionen durch fossile Brennstoffe im Jahr 2014.

Die Abb. 2.22 zeigt, wie sich diese Anteile bis 2050 verändern, wenn die für das 2-Grad-Klimaziel notwendige Halbierung der Gesamtemissionen erzielt wird (in Klammern Änderung der effektiven Emissionen relativ zu 2014). Für Nahen Osten und Südasien ergibt sich eine Reduktion der Emissionen um 12 %.

3 Weitere Daten der Länder des Nahen Ostens und Südasiens

3.1 Iran und Saudi Arabien

3.1.1 Energieflüsse in Iran (Abb. 3.1 und 3.2)

Einwohnerzahl: 73 Mio.
Iran ist vorwiegend Ölexporteur. Gas wird für die Elektrizitätsproduktion verwendet (Abb. 3.1) und deckt weitgehend den Wärmebedarf für Haushalte und Industrie. (Abb. 3.2). Die CO_2-Nachhaltigkeit ist mit 444 g CO_2/$ sehr schlecht (zweitletzter Rang, Abb. 1.22). Eine wesentliche Trendwende ist für den Klimaschutz notwendig mit verstärktem Einsatz von CO_2-armen Energien für die Elektrizitätsproduktion und deutliche Verbesserung der Energieeffizienz, s. dazu auch die Tab. 3.1 in Abschn. 3.3.

3.1.2 Energieflüsse in Saudi Arabien (Abb. 3.3 und 3.4)

Einwohnerzahl: 31 Mio.
Saudi Arabien ist ein wichtiger Ölproduzent und -exporteur. Gas wird für Elektrizitätsproduktion und Industriewärme verwendet (Abb. 3.3 und 3.4). Die CO_2-Nachhaltigkeit hat sich seit 2000 verschlechtert und liegt bei 341 g CO_2/$ (Abb. 1.22). Eine Inversion der Tendenz ist notwendig durch starken Einsatz aller erneuerbaren Energien (Solarenergie, Wind, Geothermie) für die Elektrizitätsproduktion, Verbesserung der Energieeffizienz und mittelfristig Elektrifizierung des Verkehrs, s. dazu auch die Tab. 3.2 in Abschn. 3.3.

V. Crastan, *Klimawirksame Kennzahlen für den Nahen Osten und Südasien*, essentials, https://doi.org/10.1007/978-3-658-20573-7_3

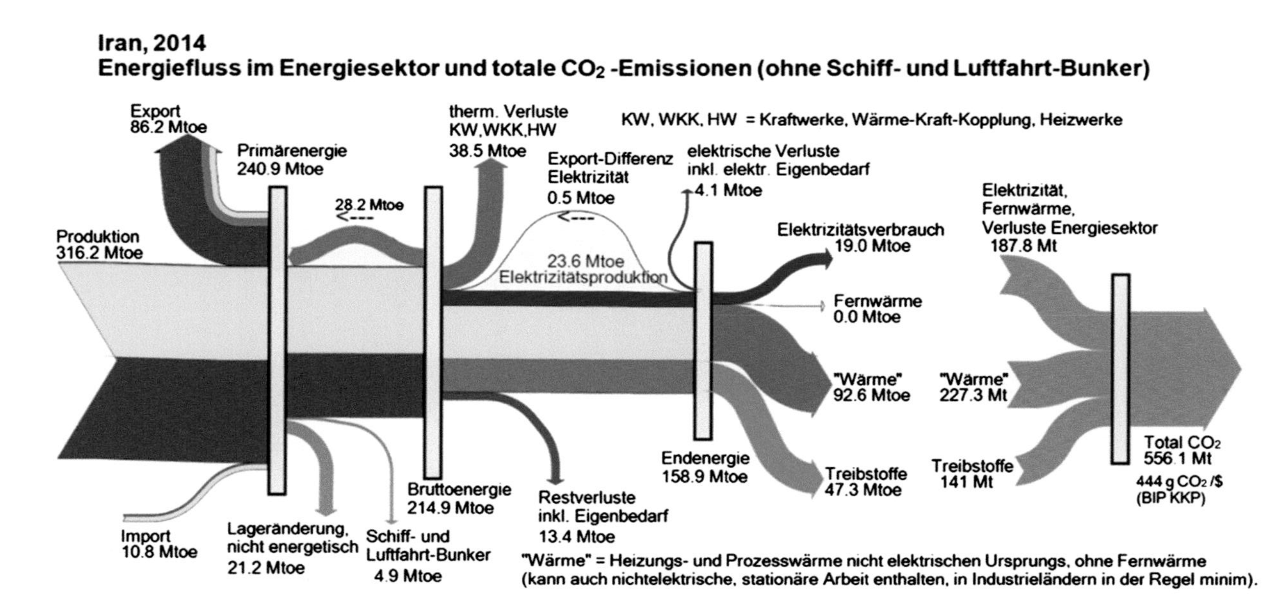

Abb. 3.1 Iran: Energiefluss im Energiesektor von der Primärenergie zur Endenergie und CO_2-Ausstoß. Die Energieträgerfarben sind wie in Abb. 1.6 und 1.8 (aber Erdöl dunkelbraun, Erdölprodukte hellbraun)

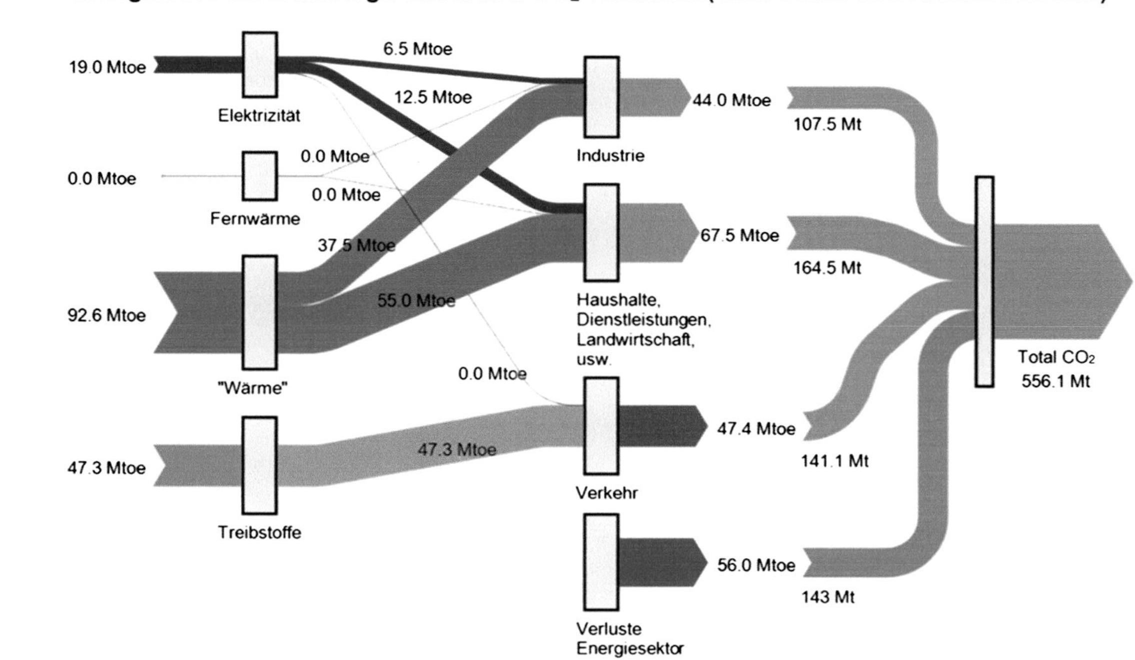

Abb. 3.2 Iran: Energiefluss der Endenergie zu den Endverbrauchern und zugeordnete CO_2-Emissionen

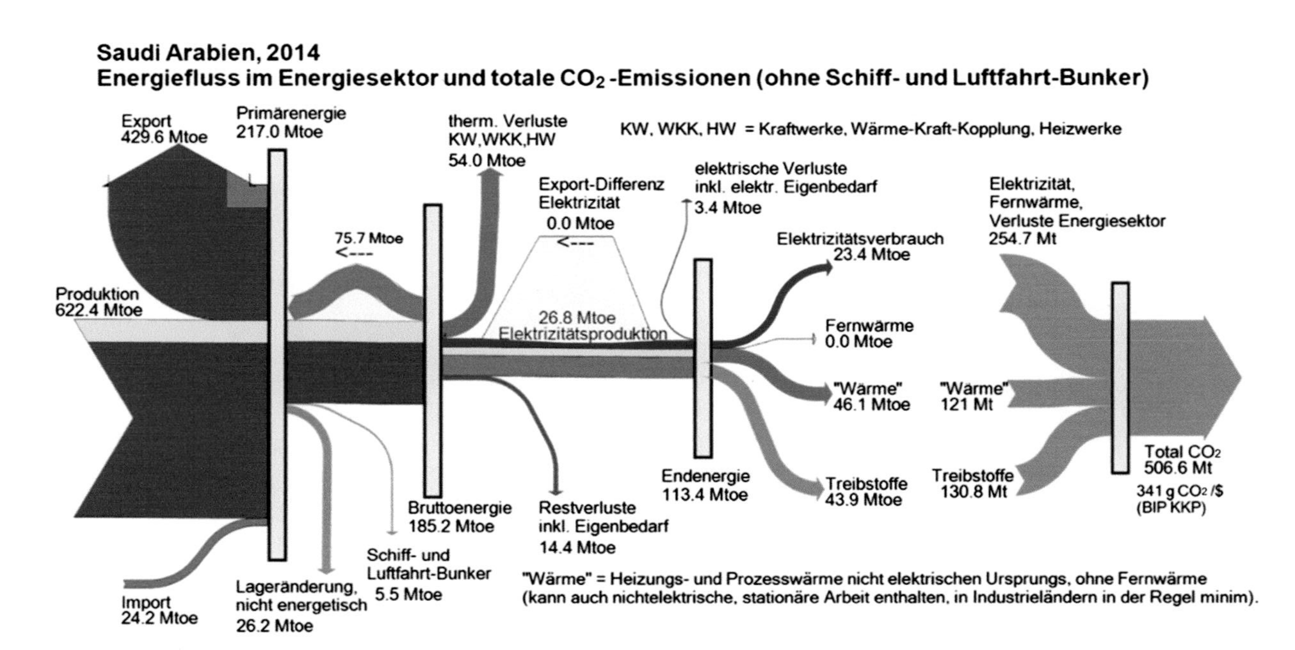

Abb. 3.3 Saudi Arabien: Energiefluss im Energiesektor von der Primärenergie zur Endenergie und CO_2-Ausstoß. Die Energieträgerfarben sind wie in Abb. 1.6 und 1.8 (aber Erdöl dunkelbraun, Erdölprodukte hellbraun)

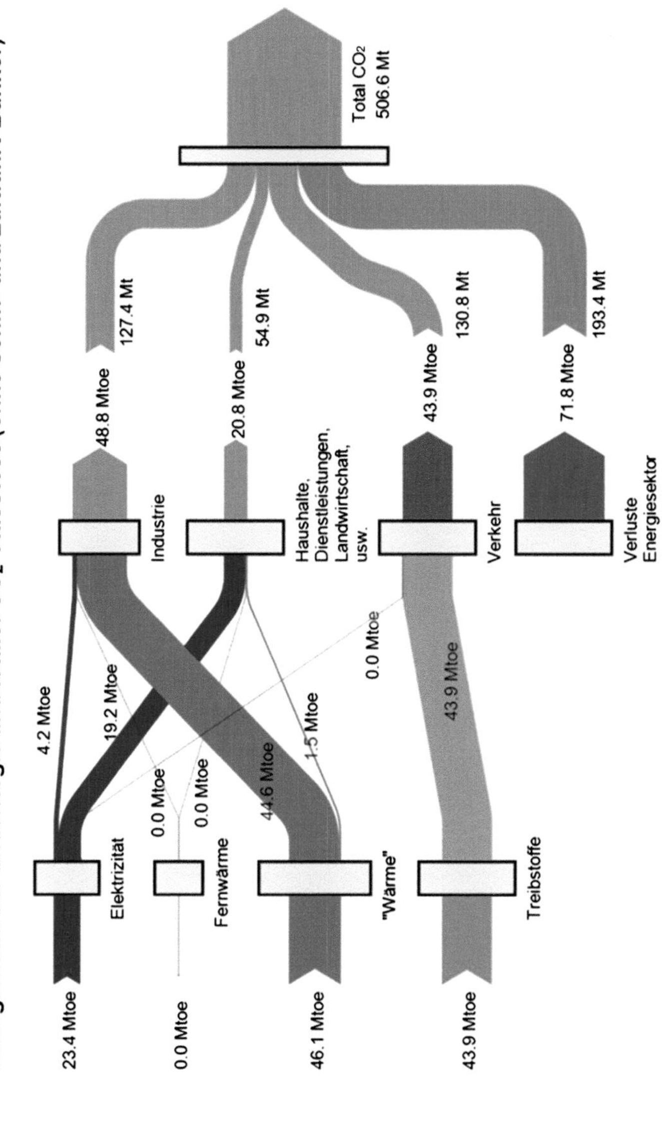

Abb. 3.4 Saudi Arabien: Energiefluss der Endenergie zu den Endverbrauchern und zugeordnete CO_2-Emissionen

3.1.3 Elektrizitätsproduktion und -verbrauch in Iran und Saudi Arabien (Abb. 3.5)

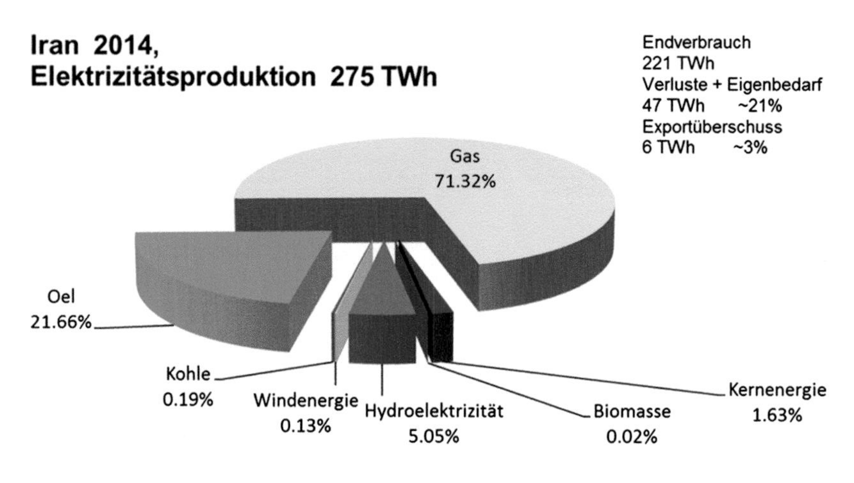

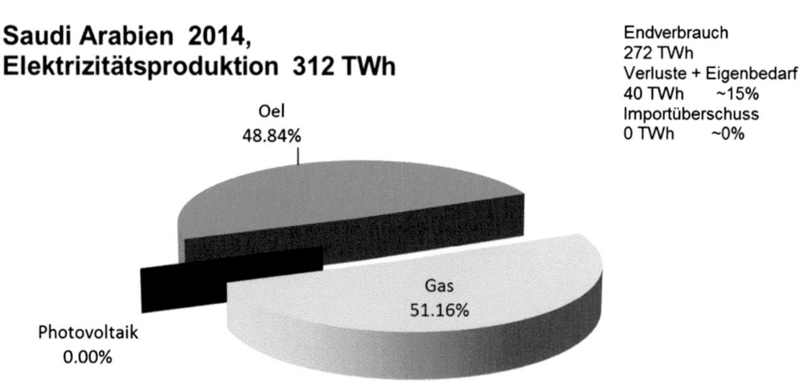

Abb. 3.5 Anteile der Energieträger an der Elektrizitätsproduktion von Iran und Saudi Arabien. Verluste und Export/Import in % des Endverbrauchs

3.2 Pakistan, Bangladesch, Myanmar

3.2.1 Energieflüsse in Pakistan (Abb. 3.6 und 3.7)

Einwohnerzahl: 185 Mio.
Pakistan ist auf Importe von Erdöl und Erdölprodukte angewiesen. Selber produziert es Erdgas, das aber im Inland für die Elektrizitäts- und Wärmeproduktion verwendet wird (Abb. 3.6 und 3.7). Die CO_2-Nachhaltigkeit ist vorerst mit 137 g CO_2/$ recht gut und hat sich seit 2000 trotz Unterentwicklung etwas verbessert (Abb. 1.21). Eine weitere Senkung auf etwa 100 g CO_2/$ bis 2030 ist zur Einhaltung der Klimaziele notwendig, dies durch weitere Elektrifizierung und Deckung des steigenden Bedarfs möglichst nicht durch Öl-Importe, sondern durch Wasserkraft, Wind, Fotovoltaik und evtl. Kernenergie (Abb. 3.12). Das Potenzial an erneuerbaren Energien ist erheblich. Der Elektrifizierungsgrad ist lediglich 10 % und muss gesteigert werden. Die Energieeffizienz muss außerdem auf Werte deutlich unter 1 kWh/$ gesenkt werden (Abb. 1.15 und 2.10), s. dazu auch die Tab. 3.4 in Abschn. 3.3.

3.2.2 Energieflüsse in Bangladesch (Abb. 3.8 und 3.9)

Einwohnerzahl: 159 Mio.
Bangladesch ist ebenfalls auf Ölimporte angewiesen und produziert Gas für den Eigenbedarf, vorwiegend für die Elektrizitätsproduktion (Abb. 3.8 und 3.9). Eine zuverlässig funktionierende Elektrizitätsversorgung ist für den wirtschaftlichen Fortschritt essentiell und müsste stark verbessert werden, ergänzt durch Nutzung erneuerbarer Energien (Wasserkraft, Windenergie und Fotovoltaik anstelle von Öl und Kohle, Abb. 3.12). Die CO_2-Nachhaltigkeit ist vorerst mit 126 g CO_2/$ noch gut, hat sich aber seit 2000 erheblich verschlechtert (Abb. 1.21), was mit der hohen CO_2-Intensität des Energiesektors zusammenhängt (s. Abschn. 3.3). Die schwache

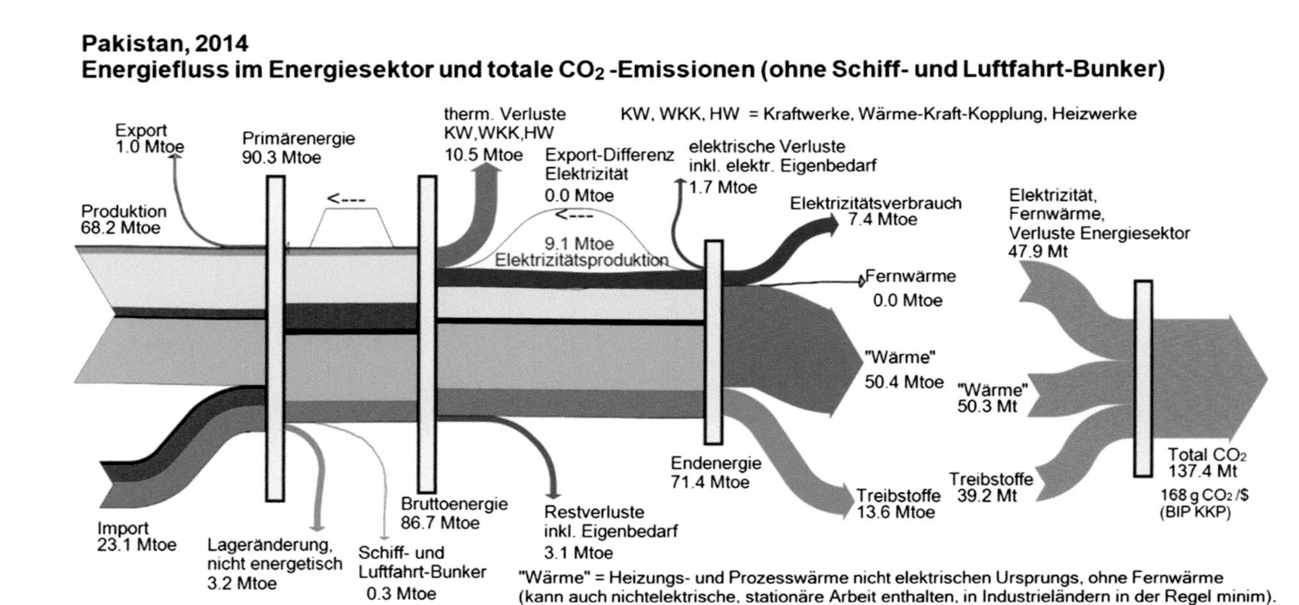

Abb. 3.6 Pakistan: Energiefluss im Energiesektor von der Primärenergie zur Endenergie und CO_2-Ausstoß. Die Energieträgerfarben sind wie in Abb. 1.6 und 1.8 (aber Erdöl dunkelbraun, Erdölprodukte hellbraun)

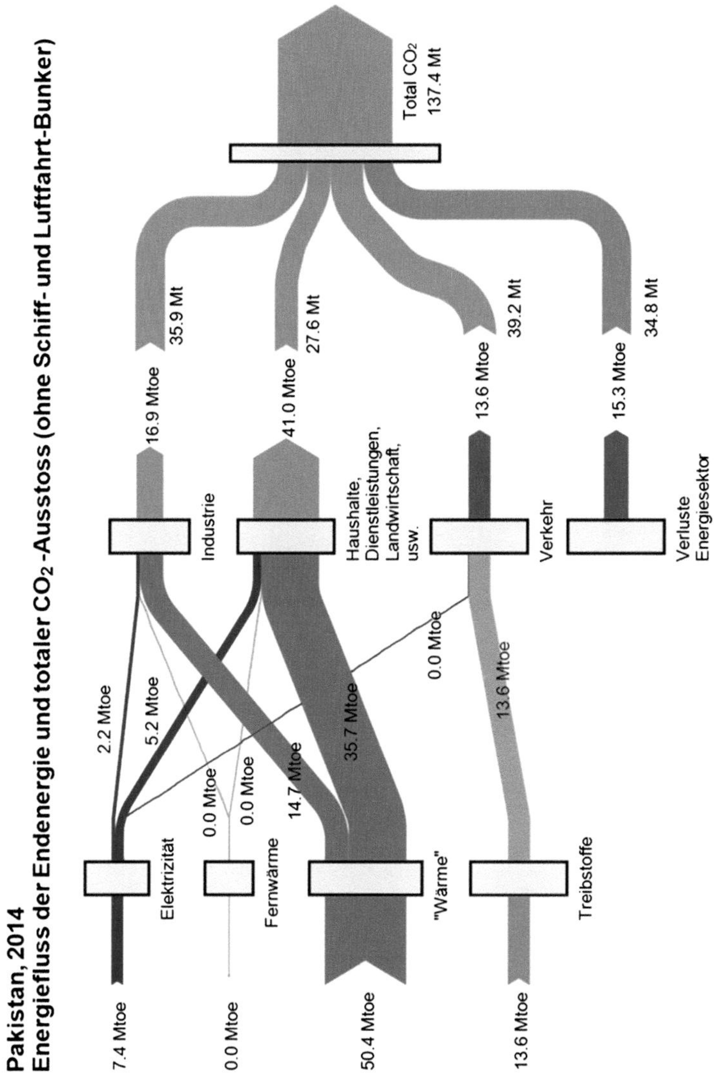

Abb. 3.7 Pakistan: Energiefluss der Endenergie zu den Endverbrauchern und zugeordnete CO_2-Emissionen

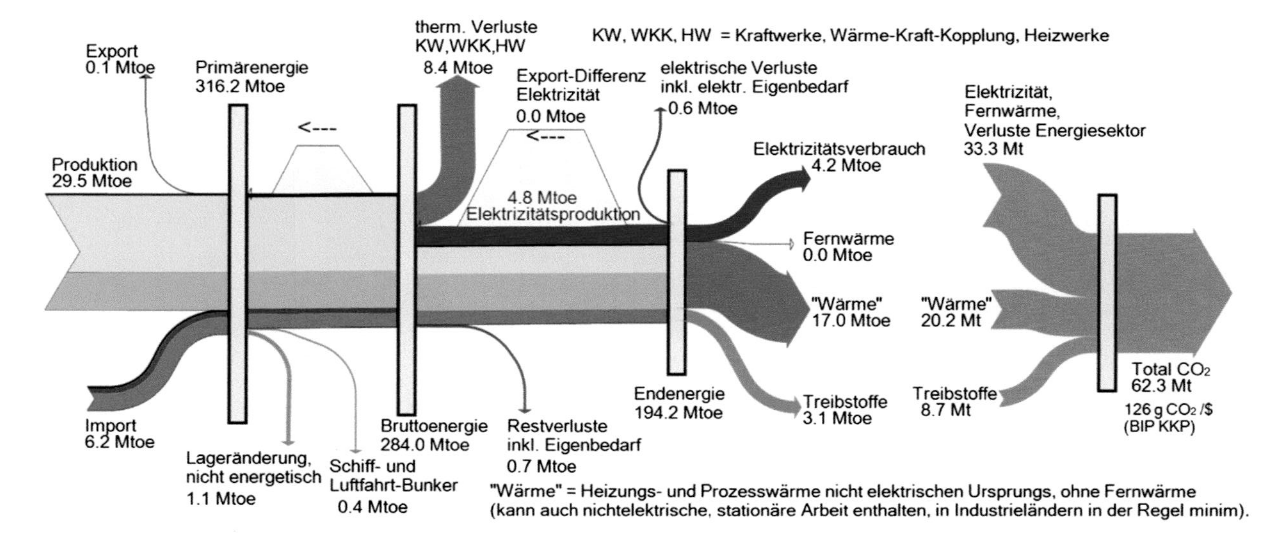

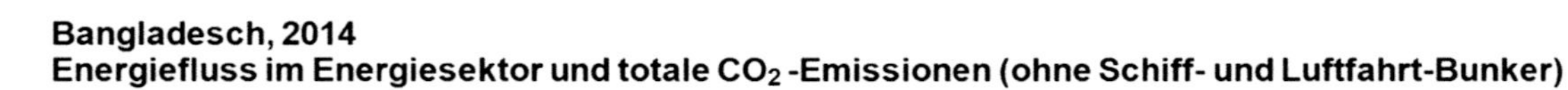

Abb. 3.8 Bangladesch: Energiefluss im Energiesektor von der Primärenergie zur Endenergie und CO_2-Ausstoß. Die Energieträgerfarben sind wie in Abb. 1.6 und 1.8 (aber Erdöl dunkelbraun, Erdölprodukte hellbraun)

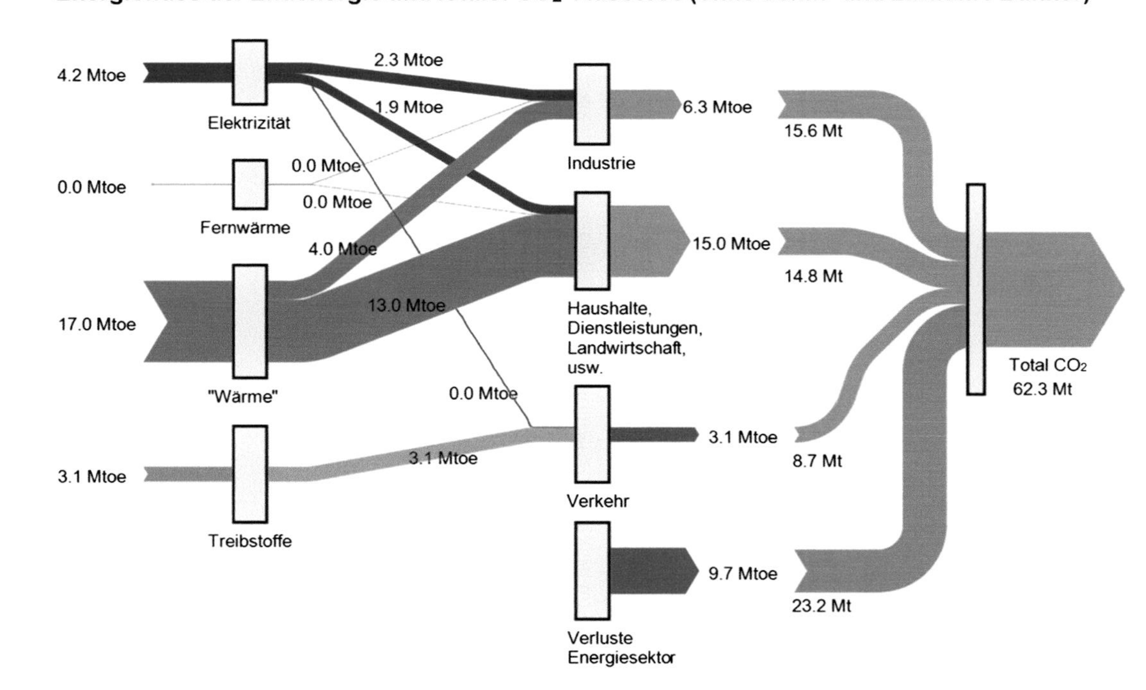

Abb. 3.9 Bangladesch: Energiefluss der Endenergie zu den Endverbrauchern und zugeordnete CO_2-Emissionen

Energieintensität ist typisch für Unterentwicklung (Abschn. 1.7, Abb. 1.23). Der Elektrifizierungsgrad von 17 % ist für ein Entwicklungsland sehr gut. Eine noch stärkere Elektrifizierung von Landwirtschaft, Haushalte und Industrie würde zwar weiter zur Überwindung der Unterentwicklung des Landes beitragen, aber nur bei Umstellung der Elektrizitätsproduktion auf erneuerbaren Quellen im Sinne des Klimaschutzes sein, s. dazu auch die Tab. 3.5 in Abschn. 3.3.

3.2.3 Energieflüsse in Myanmar (Abb. 3.10 und 3.11)

Einwohnerzahl: 53 Mio.
Neben Biomasse ist Erdgas die wichtigste eigene Energiequelle (Abb. 3.10 und 3.11). Der Elektrifizierungsgrad beträgt nur 5 %. Die Entwicklung Myanmars erfordert eine starke Elektrifizierung. Myanmar ist zwar vorerst bezüglich CO_2-Nachhaltigkeit in Südasien rangbeste (Abb. 1.21). Aber die Verstärkung der Elektrizitätsproduktion sollte neben Wasserkraft (Abb. 3.12) vermehrt durch Solarenergie und Geothermie geschehen. Damit könnte Myanmar einen weiteren starken Anstieg des Indikators der CO_2-Intensität der Energie vermeiden (hat sich seit 2000 bis 2014 wesentlich erhöht, s. Abb. 1.19) und seine Spitzenposition bezüglich Klimaschutz behalten und weiter ausbauen, s. dazu auch die Tab. 3.6 in Abschn. 3.3.

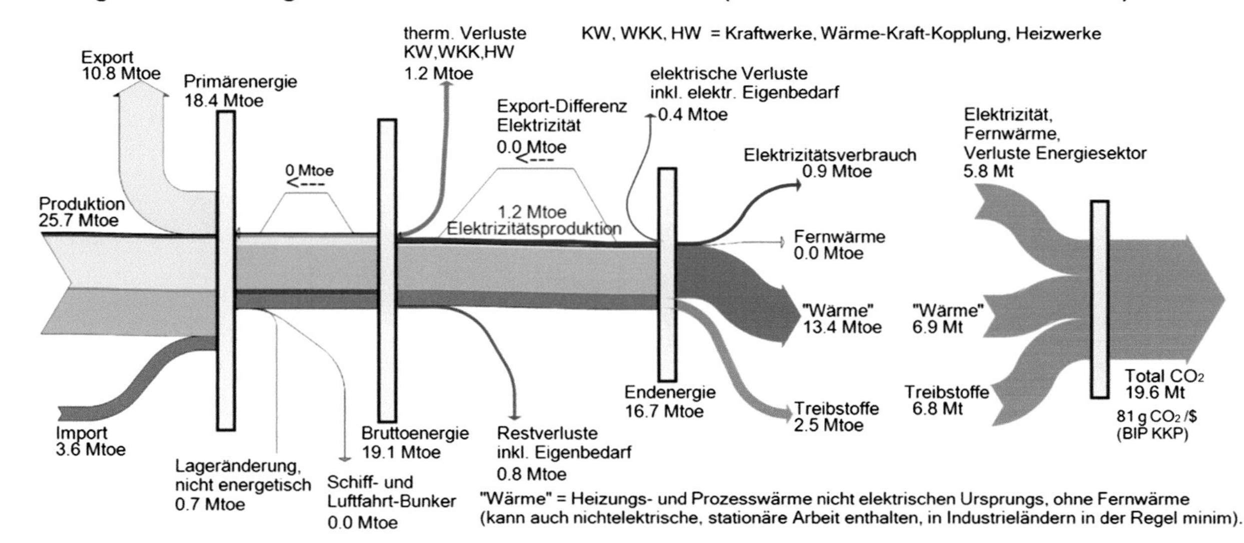

Abb. 3.10 Myanmar: Energiefluss im Energiesektor von der Primärenergie zur Endenergie und CO_2-Ausstoß. Die Energieträgerfarben sind wie in Abb. 1.6 und 1.8 (aber Erdöl dunkelbraun, Erdölprodukte hellbraun)

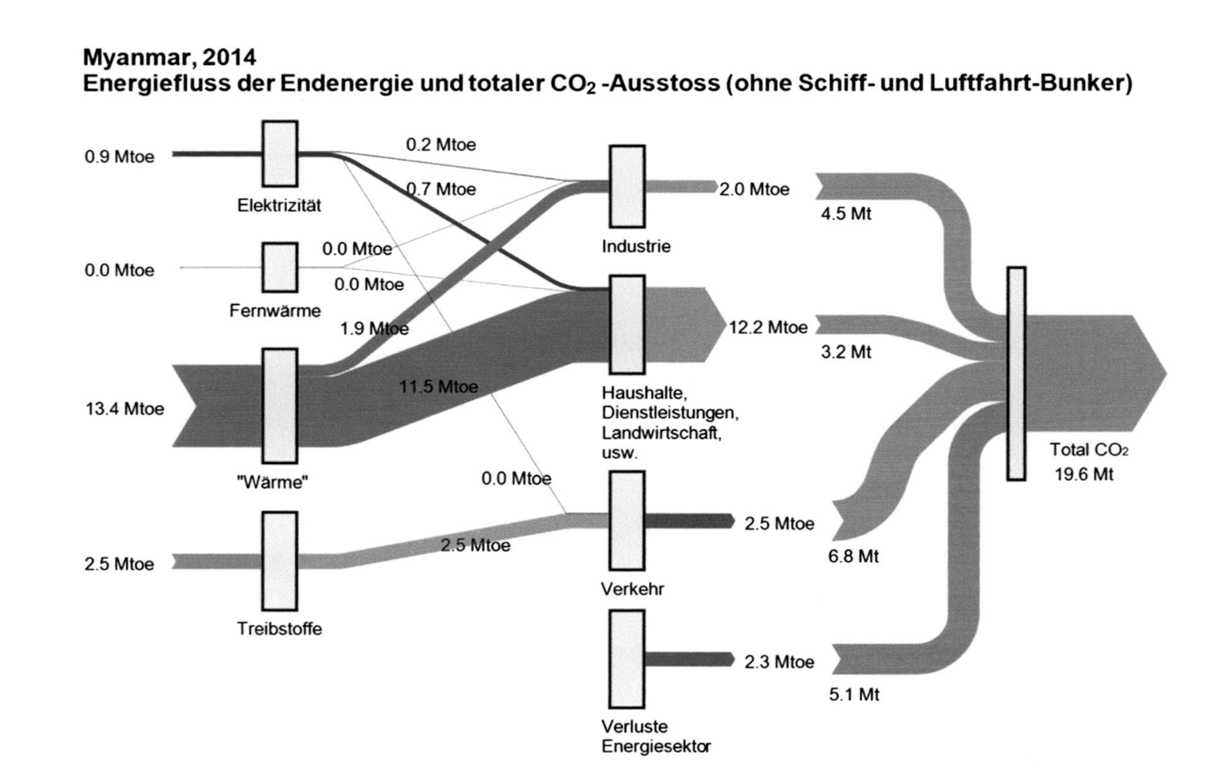

Abb. 3.11 Myanmar: Energiefluss der Endenergie zu den Endverbrauchern und zugeordnete CO_2-Emissionen

3.2.4 Elektrizitätsproduktion und -verbrauch in Pakistan, Bangladesch und Myanmar (Abb. 3.12)

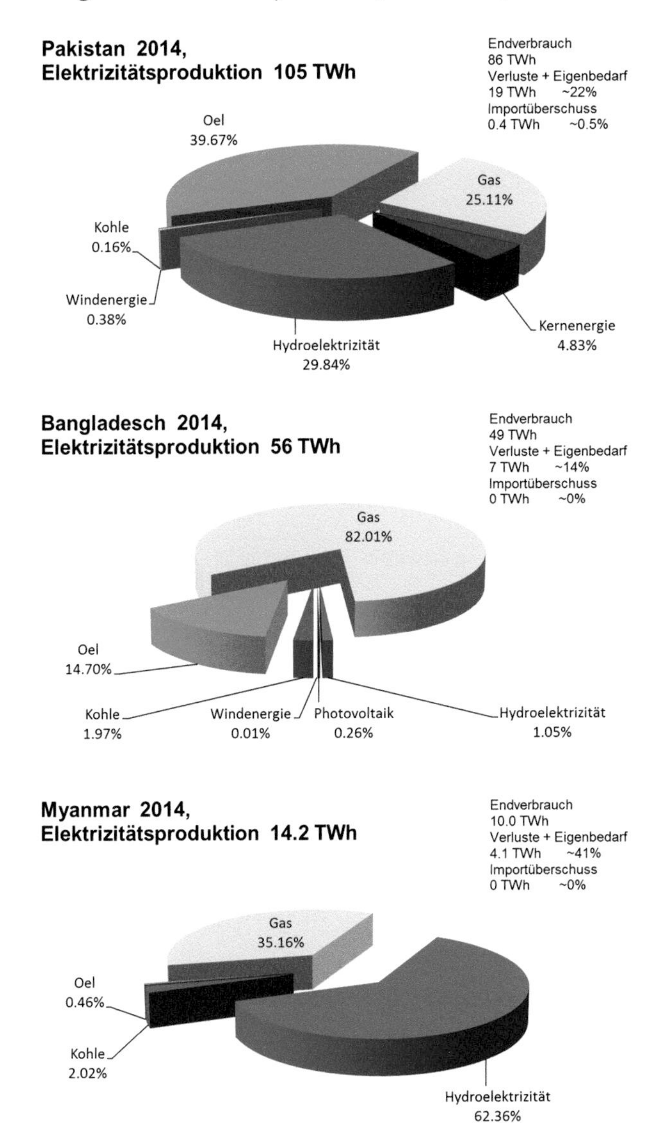

Abb. 3.12 Anteile der Energieträger an der Elektrizitätsproduktion in Pakistan, Bangladesch und Myanmar. Verluste und Export/Import in % des Endverbrauchs

3.3 Tabellen zu Indikatoren und CO_2-Intensitäten gewichtiger Länder des Nahen Ostens und Südasiens

Die Tab. 3.1, 3.2, 3.3, 3.4, 3.5 und 3.6 geben die **Energieintensität** und die **Emissionen pro Kopf** sowie **CO_2-Intensitäten der Endenergien und der Endverbraucher** für einige der gewichtigsten Länder von Nah- und Süd-Asien (die Werte folgen aus den Energiefluss-Diagrammen).

Tab. 3.1 **Iran** (Energieintensität 2,00 kWh/$, Emissionen 7,1 t CO_2/Kopf) El-G = 12,0 %

Energieart (Abb. 3.1)	g CO_2/kWh	Verbraucher (Abb. 3.2)	g CO_2/kWh
Wärme (ohne Elektr.)	212	Industrie	210
Treibstoffe	257	Haushalte etc.	210
Energiesektor	216	Verkehr	257
Total	**223**	Verluste Energiesektor	220

Tab. 3.2 **Saudi Arabien** (Energieintensität 1,45 kWh/$, Emissionen 16,4 t CO_2/Kopf), El-G = 20,6 %

Energieart (Abb. 3.3)	g CO_2/kWh	Verbraucher (Abb. 3.4)	g CO_2/kWh
Wärme (ohne Elektr.)	226	Industrie	225
Treibstoffe	257	Haushalte etc.	228
Energiesektor	231	Verkehr	257
Total	**236**	Verluste Energiesektor	232

Tab. 3.3 **Indien** (Energieintensität 1,35 kWh/$, Emissionen 1,6 t CO_2/Kopf) Ell-G = 15,8 %

Energieart (Abb. 1.11)	g CO_2/kWh	Verbraucher (Abb. 1.12)	g CO_2/kWh
Wärme (ohne Elektr.)	155	Industrie	258
Treibstoffe	250	Haushalte etc.	112
Energiesektor	284	Verkehr	251
Total	**222**	Verluste Energiesektor	289

Tab. 3.4 **Pakistan** (Energieintensität 1,24 kWh/$, Emissionen 0,7 t CO_2/Kopf) El-G = 10,4 %

Energieart (Abb. 3.6)	g CO_2/kWh	Verbraucher (Abb. 3.7)	g CO_2/kWh
Wärme (ohne Elektr.)	86	Industrie	183
Treibstoffe	249	Haushalte etc.	58
Energiesektor	182	Verkehr	249
Total	**137**	Verluste Energiesektor	197

Tab. 3.5 **Bangladesch** (Energieintensität 0,30 kWh/$, Emissionen 0,4 t CO_2/Kopf), El-G = 17,3 %

Energieart (Abb. 3.8)	g CO_2/kWh	Verbraucher (Abb. 3.9)	g CO_2/kWh
Wärme (ohne Elektr.)	103	Industrie	215
Treibstoffe	241	Haushalte etc.	85
Energiesektor	206	Verkehr	241
Total	**158**	Verluste Energiesektor	206

Tab. 3.6 **Myanmar** (Energieintensität 0,92 kWh/$, Emissionen 0,4 t CO_2/Kopf) El-G = 5,2 %

Energieart (Abb. 3.10)	g CO_2/kWh	Verbraucher (Abb. 3.11)	g CO_2/kWh
Wärme (ohne Elektr.)	45	Industrie	190
Treibstoffe	236	Haushalte etc.	22
Energiesektor	157	Verkehr	236
Total	**88**	Verluste Energiesektor	189

Dazu folgende Bemerkungen:

- Die CO_2-Intensität des **Energiesektors** wird stark vom Grad der **CO_2-Freiheit der Elektrizitätserzeugung** beeinflusst. Einzig Myanmar weist dank Wasserkraft einen Wert unter 100 g CO_2/kWh. Der Nahe Osten und Südasien müssen ihre stark auf fossile Energien basierende Elektrizitätserzeugung progressiv auf CO_2-ärmere Energien umstellen, wobei neben Wasserkraft, Wind- und Solarenergie auch **Geothermie** und evtl. Kernenergie eine größere Rolle spielen könnten. Umwandlung von Kohle in Gas und CCS könnten ebenfalls mithelfen. Eine CO_2-arme Elektrizitätserzeugung ist der beste Weg, neben der Verminderung der Energieintensität, zur Verbesserung der CO_2-Nachhaltigkeit und Erreichung der Klimaziele.
- In den meisten Ländern liegt die **CO_2-Intensität des Energiesektors** vorerst über oder auf ähnlichem Niveau wie diejenige des **Verkehrssektors.** Eine verbreitete **Elektrifizierung** des Verkehrs hat deshalb erst mittelfristig einen Sinn. Ausnahmen sind Myanmar und Pakistan.
- Der Einsatz von **Wärmepumpen** ist allgemein sinnvoll, da der Anteil an CO_2-freier Umweltenergie meistens bei etwa 75 % liegt. Somit würden Wärmepumpen, zumindest in den Ländern des Nahen Ostens, die CO_2-Intensität des Wärmebereichs reduzieren, auch wenn die CO_2-Intensität des Energiesektors (wie in Iran und Saudi Arabien) etwa gleich oder sogar über derjenigen des Wärmesektors liegt.

- Die **Energieintensität** ist ein weiterer wichtiger Indikator. Er hängt von der **Effizienz des Energieeinsatzes** ab. Bei Unterentwicklung ist er hoch, nimmt normalerweise bei zunehmender Entwicklung ab und sollte bis 2050 für Nah- und Süd-Asien insgesamt auf Werte unter etwa 1,0 kWh/$ stabilisiert werden (Abschn. 1.5).
- Der **Indikator der CO_2-Nachhaltigkeit** (g CO_2/$) ist das Produkt von Energieintensität und CO_2-Intensität der Energie.
- Die **Emissionen pro Kopf** in t CO_2/Kopf und Jahr ergeben sich als Produkt von Index der CO_2-Nachhaltigkeit und Wohlstandsindikator ($/Kopf und Jahr):

$$\mathrm{t\,CO_2/\,Kopf,\,a = g\,CO_2/\,\$ * \$/\,Kopf,\,a/10^6}.$$

Im Jahr 2014 waren im Nahen Osten das mittlere jährliche kaufkraftbereinigte Bruttoinlandprodukt **21.300 $/Kopf** und die CO_2-Emission **7,7 t/Kopf,** entsprechend einem Index der CO_2-Nachhaltigkeit von **355 g CO_2/$.** Um bis zu 2050 nach Stabilisierung und anschließender Reduktion auf einen für das Klimaziel zulässigen Wert von **3,1 t/Kopf** zu kommen (s. Abschn. 2.1), muss, bei einer Zunahme des BIP (KKP) auf z. B. **29.000 $/Kopf,** der Index der CO_2-Nachhaltigkeit auf rund **103 g CO_2/$** vermindert werden.

In Indien waren in 2014 das mittlere BIP (KKP) etwa **5200 $/Kopf** und die CO_2-Emissionen **1,6 t/Kopf,** entsprechend einem Index der CO_2-Nachhaltigkeit von **293 g CO_2/$.** Um bis 2050 die CO_2-Emissionen auf einen für das Klimaziel noch zulässigen Wert von **2,2 t/Kopf** zu stabilisieren (s. Abschn. 2.2), muss, bei einer Zunahme des BIP (KKP) auf z. B. **16.100 $/Kopf,** der Index der CO_2-Nachhaltigkeit auf maximal **136 g CO_2/$** begrenzt werden.

Tab. 3.1, 3.2, 3.3, 3.4, 3.5 und **3.6: Energieintensität, Emissionen pro Kopf** und **CO_2-Intensitäten der Energie** (letztere detailliert pro Endenergie und Endverbraucher) im Jahr 2014 für einige der die bevölkerungsreichsten Länder des Nahen Ostens und Südasiens. **El-G = Elektrifizierungsgrad** (Anteil Elektrizität an der Endenergie, z. Vergleich: Westeuropa 24,8 %, USA: 23,0 %).

Literatur

1. Crastan, V. (2017). *Elektrische Energieversorgung 2* (4. Aufl.). Wiesbaden: Springer.
2. Crastan, V. (2016). *Weltweiter Energiebedarf und 2-Grad-Klimaziel, Analyse und Handlungsempfehlungen*. Wiesbaden: Springer.
3. Crastan, V. (2016). *Weltweite Energiewirtschaft und Klimaschutz*. Wiesbaden: Springer.
4. IEA, International Energy Agency. (2016). Statistics & Balances, October 2016. www.iea.org.
5. IMF. (2016). WEO Databases, October 2016. www.imf.org.
6. IPCC (Intergovernmental Panels on Climate Change). (2013). *5. Bericht, Working Group I*, September 2013.
7. IPCC. (2014). 5. *Bericht, Working Group II*, März 2014.
8. IPCC. (2014). *5. Bericht, Working Group III*, April 2014.
9. Steinacher, M., Joos, F., & Stocker T. F. (2013). Allowable carbon emissions lowered by multiple climate targets. *Nature, 499*(7457), 197–201.
10. Crastan, V. (2017). *Klimawirksame Kennzahlen für Europa und Eurasien*. Wiesbaden: Springer.
11. Crastan, V. (2018). *Klimawirksame Kennzahlen für Amerika*. Wiesbaden: Springer.
12. Crastan, V. (2018). *Klimawirksame Kennzahlen für Afrika*. Wiesbaden: Springer.

V. Crastan, *Klimawirksame Kennzahlen für den Nahen Osten und Südasien*, essentials, https://doi.org/10.1007/978-3-658-20573-7

Printed in the United States
By Bookmasters